APPETITES

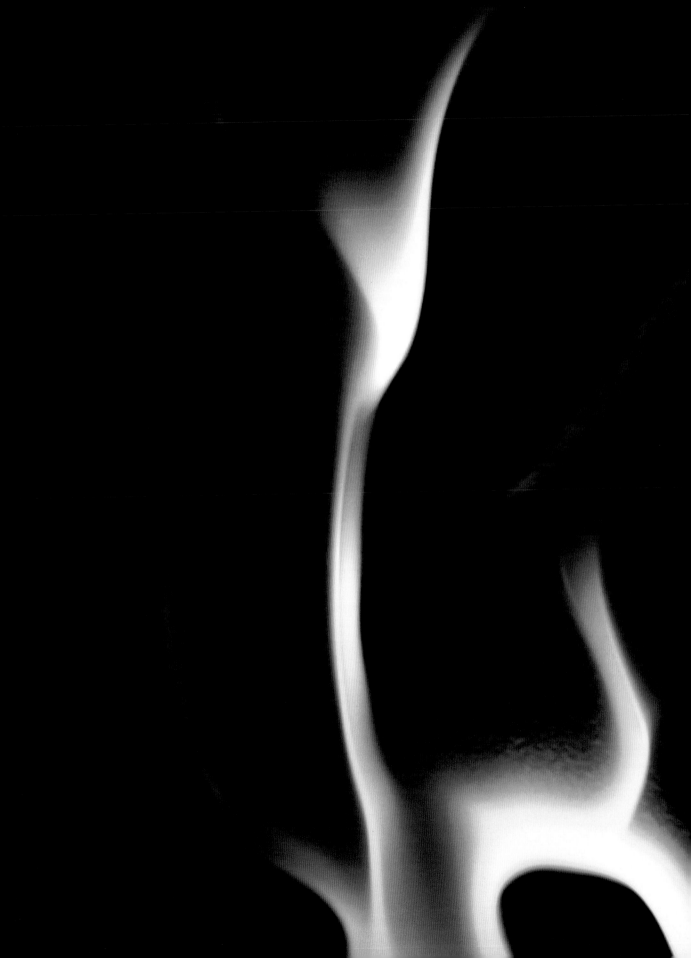

ALSO BY ANTHONY BOURDAIN
安東尼·波登的其他著作

NONFICTION｜非小說

《廚房機密檔案》

《名廚吃四方》

《恐怖廚娘：都市歷史怪談》（*Typhoid Mary: An Urban Historical*）

《把紐約名廚帶回家：波登的傳統法式料理》

《胡亂吃一通：一次品嘗波登的各式文字佳餚》

《波登不設限：結合異國美食與瘋狂體驗的世界之旅》

《半生不熟：關於廚藝與人生的真實告白》

FICTION｜小說

《如鯁在喉》（*Bone in the Throat*）

《逝竹》（*Gone Bamboo*）

《鮑比·勾德事件簿》（*The Bobby Gold Stories*）

《追緝次郎！》（*Get Jiro!*）

《追緝次郎：血染壽司》（*Get Jiro: Blood and Sushi*）

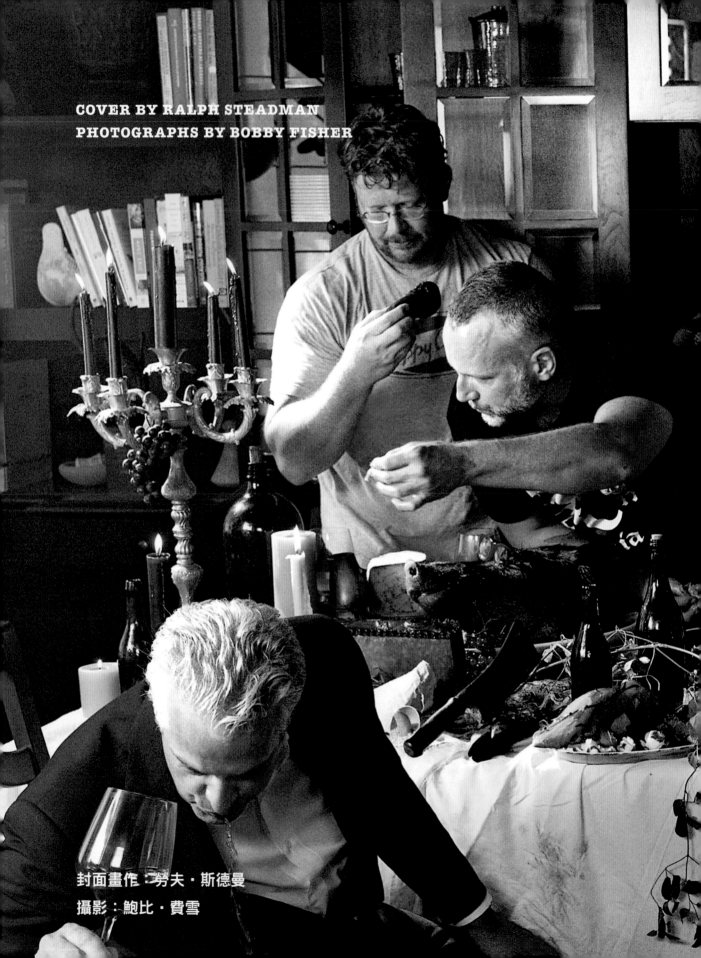

COVER BY RALPH STEADMAN
PHOTOGRAPHS BY BOBBY FISHER

封面畫作：勞夫・斯德曼

攝影：鮑比・費雪

A COOKBOOK

APPETITES

ANTHONY BOURDAIN & LAURIE WOOLEVER

食指大動

安東尼・波登的精選家庭食譜，只與家人朋友分享的美味與回憶

安東尼・波登　勞莉・屋勒佛　著

朱崇旻　譯

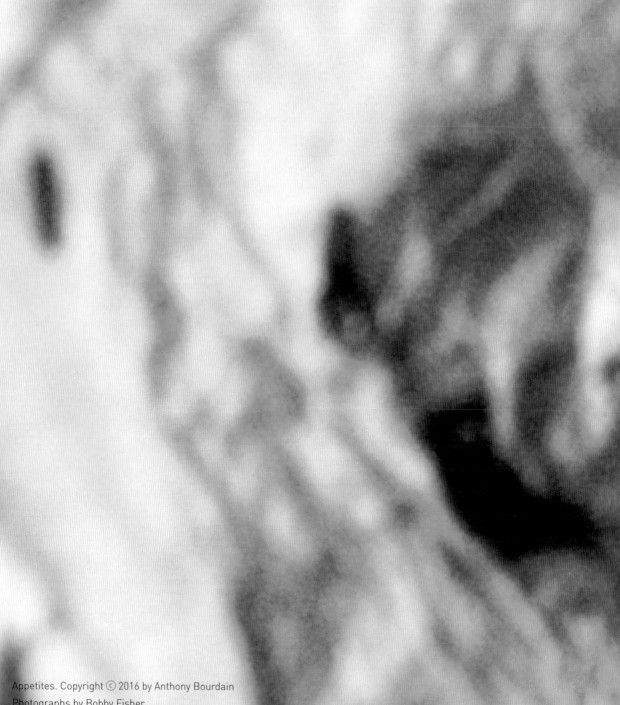

To Ariane and Jacques

給愛莉安與賈克斯

CONTENTS

目次

ACKNOWLEDGMENTS

致謝

感謝以下各位對本書寫作過程的大小貢獻：

保羅・亞克林納（Paul Ackerina）

奧莉維亞・麥克・安德森（Olivia Mack Anderson）

貝絲・阿瑞斯基（Beth Aretsky）

艾迪・巴雷拉（Eddie Barrera）

盧碧・巴斯迪奧（Ruby Basdeo）

安娜・比林斯卡格（Anna Billingskog）

丹尼・博溫（Danny Bowien）

安德莉安娜・布希亞（Andreana Busia）

安傑羅・布希亞（Angelo Busia）

愛莉安・布希亞-波登（Ariane Busia-Bourdain）

歐塔維雅・布希亞-波登（Ottavia Busia-Bourdain）

索妮雅・邱斯（Sonya Cheuse）

趙海倫（Helen Cho）

張雪兒（Suet Yee Chong）

約翰・寇甘（John Cogan）

克利斯・柯林斯（Chris Collins）

麥羅・柯林斯（Milo Collins）

奈科・柯林斯（Neko Collins）

愛莉安・達圭恩（Ariane Daguin）

莉西・洛勒・迪渥瑟（Lizzie Roller Dilworth）

安潔拉・蒂瑪尤加（Angela Dimayuga）

羅莉絲・埃利（Lolis Elie）

克利斯・法克諾（Chris Faulkner）

喬許・費羅（Josh Ferrell）

鮑比・費雪（Bobby Fisher）

達莉亞・加勒（Dahlia Galler）

加寇莫・甘比納里（Giacomo Gambineri）

艾許麗・賈蘭（Ashley Garland）

西奧・格拉諾夫（Theo Granof）

維多利亞・格拉諾夫（Victoria Granof）

丹尼爾・哈本（Daniel Halpern）

喬恩・海德茂斯（Jon Heindemause）

阿妮雅・賀夫曼（Anya Hoffman）

盧碧・賀夫曼-維爾（Ruby Hoffman-Werle）

特瑪・賀夫曼-維爾（Tema Hoffman-Werle）

尼可拉斯・克拉斯奈（Nicholas Krasznai）

艾莉森・托茲・劉（Alison Tozzi Liu）

劉凱勒（Caleb Liu）

劉麥卡（Micah Liu）

劉東尼（Tony Liu）

戴夫・路埃克（Dave Luebker）

梅莉莎・路卡克（Melissa Lukach）

彼得・米翰（Peter Meehan）

瑞秋・麥爾斯（Rachel Meyers）

艾蜜莉・米勒（Emily Miller）

佛拉維奧・莫勒達（Flavio Moledda）

約書亞・莫內森（Joshua Monesson）

麥可斯・莫內森（Max Monesson）

納森・米佛德（Nathan Myhrvold）

派蒂・努瑟（Patty Nusser）

尼克・奧利維埃里（Nick Olivieri）

蘇菲雅・帕帕斯（Sophia Pappas）

蜜莉安・帕克（Miriam Parker）

傑森・佩雷茲（Jason Perez）

布斯特・奎恩特（Buster Quint）

道格・奎恩特（Doug Quint）

賈克斯・奎宗（Jacques Quizon）

馬克思・奎宗（Marcus Quizon）

麥菈・奎宗（Myra Quizon）

「巨人」羅梅爾・奎宗（Rommel "Giant" Quizon）

布瑞潔特・利德（Bridget Read）

艾瑞克・里佩爾（Eric Ripert）

馬特・羅迪（Matt Roady）

馬克・羅沙堤（Mark Rosati）

亞莉森・薩茲曼（Allison Saltzman）

凱希・西里（Cathy Sheary）

勞夫・斯德曼（Ralph Steadman）

莉蒂亞・特納格里亞（Lydia Tenaglia）

艾許麗・托克（Ashley Tucker）

西奧・凡・登・布加德（Theo van den Boogaard）

凱特琳・度洛斯・瓦克（Kaitlyn DuRoss Walker）

約拿森・維爾（Jonathan Werle）

梅西・威何姆（Maisie Wilhelm）

肯伯莉・威瑟斯波恩（Kimberly Witherspoon）

摩妮卡・烏德茲（Monika Woods）

約翰・屋勒佛（John Woolever）

派翠莎・屋勒佛（Patricia Woolever）

APPETITES
食指大動

INTRODUCTION

幸福的家庭往往大同小異……

——列夫·托爾斯泰，《安娜·卡列尼娜》

托爾斯泰顯然沒見過我的幸福家庭。

我的女兒愛莉安（Ariane）今年八歲，擅長模仿我太太威脅計程車司機的模樣。相同的場面她見過不少次，已經能完美掌握我太太的義大利腔、（計程車開往愛莉安學校路上又一次轉錯彎時，）她惱火的情緒，以及重頭好戲：「信不信我親手把你掐死！」

近幾個月，甚至近幾年，你幾乎沒機會看到我太太穿貼身運動衣和格鬥訓練褲之外的服裝。她是武術家，巴西柔術紫帶，一週七天勤練不輟，大多數時間用來練習如何永久傷害敵人的腳、腳踝與膝關節的肌腱及韌帶。

環遊世界是我的工作，今天我可能在家裡，同樣也可能出現在婆羅洲砂拉越的長屋、馬賽的咖啡廳，或杜哈的候機室。我女兒早已習慣在電視上或公車廣告上看到爸爸的臉，陌生人找她爸談話她也習以為常——而且絲毫不當一回事。

她從小與好朋友賈克斯（Jacques）形影不離，賈克斯是菲律賓人，他們一家對我們來說是親如家人的摯友，時常出現在我們家。在我們家，你可以聽到英語、義大利語和他加祿語。我女兒的義大利語說得愈來愈流利了，而我則沒有半點長進。

「正常人」都做些什麼？

什麼是「正常」的幸福家庭？

他們的言談舉止是怎麼樣的？他們在家都吃些什麼？他們都怎麼生活？

我工作這麼多年，對這些問題的答案依舊一知半解，因為我一直活在邊緣，根本就不認識任何正常人。從十七歲開始，我所接觸的正常人就是我的顧客，他們是抽象的概念，是我工作時望向用餐區，遙遙瞥見的模糊人影。我一直用廚師的專業視角觀察他們——換言之，我的所在之處不存在家庭生活，認識的人、相處的人都是餐廳業者。我們在正常人玩樂的時間工作，在正常人睡覺的時間玩樂。

我對一般正常人的理解有限，所知只用來預測他們當下的要求：他們想吃的是雞肉還是鮭魚呢？

通常我只看見他們最不堪的一面：餓昏了頭、酩酊大醉、慾火焚身、脾氣焦躁，他們也許來店裡慶祝好運到來，或者遭遇厄運後拿服務生出氣。

他們在家做的事，例如週日賴床、替孩子做鬆餅、看卡通、在後院丟球……這些我只在電影裡看過。

對過去的我而言，人心是無法解開的謎（現在的我仍這樣想），但我正在學著解讀它，我不得不學習。

五十歲成為孩子的父親，我知道很晚，但對我來說剛剛好。在此之前，我不夠年長、不夠安定、不夠成熟，無法肩負最重大的責任：關愛並照顧另一個人。

從我看見女兒的頭鑽出她媽媽身體的那一刻，我的人生有了重大的改變。我不再是「人生電影」（或其他任何電影）的主角，從那一刻起，我的女兒就是生命中最重要的事物。我像許多寫書或上電視的人一樣，認為別人會關心我的故事，也認為別人應該關心我的故事，我是自戀的怪獸。對我來說，成為父親

彷彿卸下重擔，因為現在的我受基因、受本能驅使，關心另一個人超過關心自己。我喜歡當爸爸。不對，我超愛當爸爸，我愛這一切。

相信我太太對此事的看法與我大相逕庭，但倘若能回到換尿布、半夜起床哄孩子的階段，我一定樂不思蜀。

我承認某方面而言，我在這個年齡步入生兒育女的人生階段，有點興奮過了頭。我習慣竭盡全力彌補流失的時間。由於兒時許多快樂時光都與品嚐食物的味覺感受和氣味有關（澤西海岸的暑假、淡季的蒙托克、法國旅行），我經常不受控制地將食物硬塞給我愛的人。我成了電影裡那些「被動攻擊」的長舌婦或義大利老阿婆，總是催促別人：「吃吧！多吃點！」如果別人不吃，我就會垂頭喪氣，久久無法平復心情。

除此之外，我的職業生涯也使「病症」變得更複雜。三十年來的工作習慣深深刻在我心裡，我必須有組織、有計畫、將存貨排列整齊、標示準備好的食材，並保持工作區乾淨整潔。

所以，我不但迫切想彌補流逝的時間，像伊娜‧格爾頓（Ina Garten）一樣熱愛餵食身邊的人，還在工作習慣上有強迫症。我這「肛門滯留人格」（譯註：Anal retentiveness，佛洛伊德精神分析理論中的其中一種人格，特性是過於重視細節。）或許能幫助我成為專業早午餐廚師的不二人選，但作為丈夫或父親多半會帶給家人困擾。

這就是我們的家庭，而這本書，是我們的家庭食譜。

這些是我喜歡吃、也喜歡餵親朋好友吃的料理。這幾道菜都「很有效」，意思是說，這些都經歷長時間實驗、反覆測試與（痛苦的）經驗之考驗。
有時在餐飲業，為得到更重要的「可服務性」，你必須在「品質」方面做出小小的犧牲。若你的抱負是煮出全世界最好吃的燉飯，那當然值得褒獎，但如果你在廚房裡永無止盡地攪拌燉飯時，你的客人在廚房外餓著肚子灌酒，那品質根本就沒屁用。

不得不承認，料理魚類時，一條魚完整地擺在盤上「比較好」。至於刀工尚待商榷的你，在餐桌邊、八位客人面前，滿頭大汗地試圖切下比目魚片……這就不好說了。

這本書的食譜毫無創新成分，假如你想找一位料理天才帶領你前往創意天堂，那你可能得換個地方找找。反正不是我就對了。

這些食譜多半是我小時候愛吃的菜餚，我從不完美的記憶中提取美味料理：媽媽餵我吃的食物、我喜歡在生命中快樂時刻吃的食物（這些是我喜歡和女兒分享的食物回憶）、旅遊過程中邂逅的經典佳餚，以及關於早餐與感恩節大餐等主題的智慧結晶。我在這本書中，用組織完善、有策略且有效率、毫無壓力的方式呈現出上述種種食譜。

進入「爸爸」階段的過渡期，我發現比起在餐廳瘋狂準備五百份單點菜餚，在家中為五位朋友煮晚餐反而更令我焦慮。我也發現，最好的解決方法就是將家人朋友視為顧客海之中的五張陌生面孔，直到食物上桌後，再放鬆心情坐下來，和親友一同享受晚餐。就和其他的「正常爸爸」一樣。

關於我女兒的二三事

在我寫這本書的時候，我女兒愛莉安八歲，所以書中只要出現她的照片，都經過模糊處理。走在路上被陌生人認出來是一件非常奇怪、非常詭異的事，但我長這麼大了，這些都是我自己做的決定，我不會因此抱怨。倘若我在機場裡狂奔找廁所，突然有粉絲找我拍照，我只能說這是微乎其微的代價，因為在機場都會被人認出來的我，也因此獲得許多自由和好處。再怎麼樣，這都比在尖峰時段值早午餐班來得好。我在充分理解利弊之後，寫了一本接一本的書，上了電視節目。等我女兒十八歲，她也能為自己選擇，但在那之前，我或其他任何人都不該替她做決定。

[1]
BREAKFAST
早餐

我是頂級的早餐、早午餐廚師。在我受僱於人的那段黑暗時期，這項長處是祝福，同時也是詛咒。

無論情況多麼糟糕，無論我的個人狀況多慘、被多少人唾棄、多麼不被禮教社會接受，我總是能勝任早午餐廚師的職位。

能輕易回到收入穩定的生活當然很好，但對我而言，早餐的香味永遠是失敗的味道。聞到早餐的氣味，我就會想起人生的低谷，每週末早起去煎培根、煎馬鈴薯塊、調一大堆荷蘭醬，還有料理數以百計的雞蛋。

由於上述負面聯想，有很長一段時間我完全不煮早餐。

近來我則必須經常提取過去煮早餐的經驗，因為我現在是八歲女孩的父親，女兒就和其他八歲孩子一樣，愛吃鬆餅與各式早餐料理。現在我為女兒和她朋友煮早餐，獲得了更正向的早餐聯想。

舉例來說，我常常被叫去參加睡衣派對，為一群小孩做鬆餅。放假的時候，我變得更常為家裡的客人準備早點。

所以，我從多年來快速準備速食早餐的經驗，學到以下幾件事。

SCRAMBLED EGGS

炒蛋

據說名廚艾斯可菲（Escoffier）習慣用叉子打蛋，還會將一塊蒜頭固定在叉尖，這是他的料理機密。我沒這種習慣；我只相信蛋、鹽、黑胡椒，以及炒蛋用的全脂奶油。只要你好好炒蛋，就不必添加牛奶、鮮奶油……或是水。用叉子打蛋我倒是會。

在賈克・裴潘（Jacques Pépin）的PBS美食節目上，某一集賈克用不沾鍋平底鍋和叉子炒蛋。前陣子有個討厭的饕客在美食論壇上發文，這位饕客感覺自己受到了侮辱，他認為金屬叉子會將不沾鍋平底鍋刮壞。

我告訴你，賈克・裴潘教你怎樣炒蛋，幹，你就給我這樣炒。好了，要吵就回去吵你們的圓環邦特蛋糕食譜。

以下是炒蛋的做法：將新鮮雞蛋在砧板之類的平面上打破，剝開蛋殼後將蛋汁倒入碗裡，挑出蛋殼碎片。用叉子稍微攪拌蛋黃與蛋白，將它們混在一起。用平底鍋熱全脂奶油，倒入打好的蛋，再用叉子輕輕攪拌，將煮熟的蛋一層層疊起。當炒蛋變得鬆軟但仍保有溼度時快速起鍋，立即上菜。別忘了，即使離鍋，蛋仍會持續變熟。

歐姆蛋

事前準備的步驟和炒蛋類似，將新鮮雞蛋打破後倒入小碗。接著是調味料，加入鹽與現磨的胡椒，我個人不會加牛奶或水。下鍋前再打蛋，用叉子劇烈攪拌但別攪拌過頭，理想的情況下，蛋黃與蛋白應該呈漣漪狀——歐姆蛋的顏色應該很均勻，不該出現炒蛋那種明顯的白紋，但也不該太均勻、太滑順。攪拌到顏色呈均勻的黃即可。

用不沾鍋平底鍋熱一點全脂奶油，但**切勿**讓它變黃。

奶油冒泡時將蛋汁倒入平底鍋，立即攪拌。我習慣用（相對）耐熱的塑膠鍋鏟，賈克・裴潘則喜歡用叉子；不管你用哪種工具，記得「8」字形翻動，將蛋汁送到鍋子中央與十二點鐘方向，也讓未熟的蛋汁填補空出來的位置。鍋緣形狀不完整的部分也記得拌進來，別讓任何部分變得焦脆或熟度不平均。**千萬別**翻面。

將鍋子移開火源時，歐姆蛋的中心應該仍保有溼度——法國人稱之為「墨跡模糊」（baveuse）。

起鍋是非常重要的步驟，看起來雖難，實際上卻很容易。

用抹布包住鍋柄以免燙傷，然後一隻手從**下方**用「V」字手勢握住鍋柄，舉起平底鍋。另一隻手端起盤子，將平底鍋傾向盤子，類似關門的動作。歐姆蛋應該滑到盤子上之後對摺。

就算你的歐姆蛋像一坨屎也別擔心。把一張乾淨的擦手紙像毯子一樣蓋在歐姆蛋上——彷彿幫小孩蓋被子——然後雙手合十將歐姆蛋摺成整齊的半月形，中間較寬，兩端較細。多餘的奶油或液狀蛋汁也會被擦手紙吸走。

如果你做的是包料的歐姆蛋，先在鍋裡將洋蔥、青椒、火腿等「乾料」用奶油煮熟，再加入蛋汁，將料包入歐姆蛋。起司或任何柔軟、易滴汁的料，應在歐姆蛋離開火源前小心放在蛋的中間，隨即準備起鍋。

你一次可以做兩份歐姆蛋，再多就不可能了。除非你跟我一樣厲害。

EGGS BENEDICT

班尼迪克蛋

以下是做班尼迪克蛋的幾項建議：

● **拜託，一定要把英式鬆餅烤好。** 每個人的敗筆都是英式鬆餅，到處都有懶到不行的二廚，只烘烤鬆餅的其中一面就送出去了。他們就直接把鬆餅放到火爐裡，單烤一面，而另一面則生生冷冷溼溼，還帶有冰箱的味道。我最討厭那種半生不熟的英式鬆餅了，千萬別這樣，這是暴殄天物。

● **加拿大培根請一定要用烤架或平底鍋烤過。**

● **事前調好荷蘭醬**，然後在醬料冷卻前存放在寬口保溫瓶裡備用。相信我，沒有比過熱、過冷或油水分離的荷蘭醬更令人煩躁的東西了。（荷蘭醬做法請見第284頁。）

水波蛋對大多數在自家料理的廚師而言是棘手難題，而很多時候，這些失敗與壓力源自外行人犯的錯誤。所以：

- **煮蛋的水請盛裝在寬而淺的鍋子裡，切勿用深鍋。**最好用平底炒鍋，等等用大漏勺撈蛋時角度才不會太卡。你這是在撈蛋，不是在水缸裡咬蘋果。（譯註：咬蘋果是一種萬聖節遊戲，玩家必須用牙齒咬出浮在水缸或水盆裡的蘋果。）
- **在水中添加1/2小匙的白醋。**醋會幫助蛋白凝固，也會幫助蛋在水煮的過程中維持圓形。
- **不要將蛋丟進水裡。**將蛋事先敲破後裝入個別的杯子，水即將沸騰時，從水的表面將杯子一一小心放入水中，然後傾斜杯子，讓蛋緩慢、輕柔地滑入水中。煮到蛋已成形但中心仍可流動即可，用大漏勺小心地從水裡撈出嫩蛋，立即上菜⋯⋯

除非你自信滿滿地決定在家裡為十位客人準備他媽的班尼迪克蛋。客人想必希望自己的班尼迪克蛋與其他人的早餐同時上桌，或至少在合理範圍內縮短時間差；除非你是早午餐天才，有非常豐富的快餐準備經驗，否則你不太可能在兩分鐘內生出二十顆完美的水波蛋。那怎麼辦呢？

我教你一個方法，這不是你「應該」使用的方法，而是你「可以」使用的方法。我過去曾在三個小時內準備好六百份早午餐（其中當然包括班尼迪克蛋），也「可能」用過這種方法。

我「可能」在上菜前預先煮好一大堆嫩蛋（並竭盡我所能地讓蛋半生不熟），然後讓它們漂在裝滿冰水的大塑膠盤裡。

快要出菜時，我「可能」只須將這些蛋浸入即將沸騰的熱水，幾秒鐘過後，水波蛋就完成了。

你「可以」成功運用這個技巧，做出完美的水波蛋。用這種方法，你就能輕鬆在短時間內將一大堆班尼迪克蛋端上桌——還能減少風險。

當然，道德上，這樣⋯⋯不太好。

BACON

培根

大家到底想吃什麼樣的培根呢？絕大多數的人想吃到酥脆的培根——而且不能燒焦。

我的經驗告訴我，烹調培根的最佳方式是預先用烤箱烤。將烤箱設定到350°F（約180℃），克制住將溫度再調高的衝動。烤培根比較花時間，但一旦開始變熟，就會在極短的時間內，從「生」變「熟」再變成「焦炭」。

將生培根一條條分開放在鋪了棕色烤盤紙的烤盤上。

將烤盤放入烤箱，經常檢查烤盤的狀況。你的烤箱內部可能冷熱不均，所以不時得移動或旋轉烤盤，以達到更好的烘烤效果；必要時，用鐵夾或金屬鍋鏟將培根翻面。在烤到理想熟度的**前一刻**取出，你可以等等邊煮蛋或處理其他食材時完成你的培根，必要時可以放回烤箱。

烤熟的培根可以放在報紙的內頁上，這多半是你手邊最乾淨、最無菌的地方。我說真的，如果你哪天需要緊急接生嬰兒，直接抓起手邊的《紐約時報》風尚版就對了，我相信那幾頁從來沒有人碰過。

HOME FRIES

香煎馬鈴薯塊

香煎馬鈴薯塊幾乎都很難吃，之所以經常作為配菜出現在餐廳的早午餐盤子上，是因為它便宜、易飽，而且很占空間。相對其他食物而言，煎馬鈴薯塊的滋味堅不可摧，換言之，它過了四個鐘頭還是和剛上桌一樣難吃。

相較之下，薯餅好多了……不過最好的早餐應該完全捨棄馬鈴薯。在我看來，幾片烤得恰到好處、塗滿奶油的麵包搭配雞蛋，是完美的早餐組合──半熟的蛋黃、塗了奶油的烤麵包，絕對優於馬鈴薯冷冷的澱粉。

人們說早餐是一天中最重要的一餐。或許是吧。

但如果你打算早餐吃一堆蛋、培根、香腸、馬鈴薯**還有**麵包，撐到肚皮快破掉，怎麼想都是件荒謬的事。假如你吃完早餐無法彎腰綁鞋帶，或是（才剛睡醒一個小時就）非常非常想打盹，早餐的份量一定有問題。

[2]
FIGHT !
戰鬥！

AÇAÍ BOWL

巴西莓果碗

1/2到3/4杯巴西莓汁，Sambazon牌為佳

2根香蕉，剝皮

200公克冷凍無糖巴西莓果泥，Sambazon牌為佳

3/4杯冷凍藍莓

1/4到1/2杯新鮮或冷凍草莓或覆盆莓

1/2杯麥片，裝飾用（非必要）

1/4杯可可碎仁，裝飾用（非必要）

特殊用具

維他美仕（Vitamix）或其他馬達較強的攪拌機

巴西柔術在我的家庭生活中占據極為重要的地位，我們家所有人的生活都繞著訓練時間表運轉。你隨時能看到洗衣機旁堆著汗溼、有時沾染血跡的道服（練習柔術、空手道與其他武術時穿著的服裝，一般為兩件式，腰帶的顏色象徵段位），而女兒的遊戲間還有專門拿來掛道服的曬衣架，掛著媽媽、爸爸和女兒的另一套道服。

教我們的老師大部分都是巴西人，巴西的武術家深信巴西莓是「亞馬遜叢林的奇蹟果實」，能解決從「裸絞」動作做不好到癌症等一切問題。

無論巴西莓的功效是否有科學根據，它就是很好吃。巴西莓成了我們家的日常必需品，練習結束後來一碗冰冰涼涼的巴西莓果泥和果實，整個人就感覺好多了。

—

將巴西莓汁與一根香蕉放入攪拌機，再加入冷凍巴西莓果泥、藍莓與草莓，讓刀片將冷凍食材捲入後攪碎。視情況間歇攪拌，直到食材變為滑順的雪酪狀，倒出時可用鍋鏟將攪拌機刮乾淨。

將剩餘的香蕉切片，然後將雪酪分裝至兩個碗，撒下裝飾物。立即上桌。

2人份

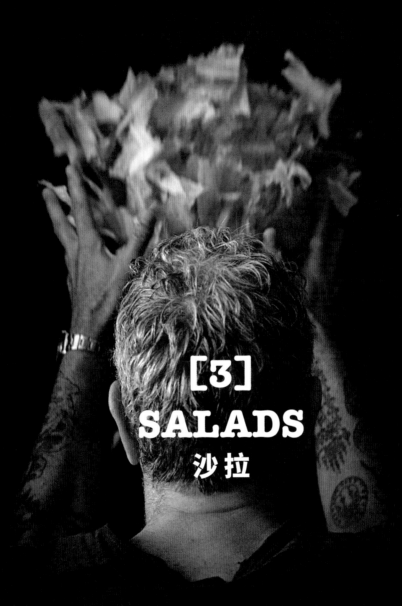

[3]
SALADS
沙拉

CAESAR SALAD

凱薩沙拉

也許你以為凱薩沙拉是義大利人的發明……那就錯了，其實它源自墨西哥。又是一個愛上墨西哥的理由——除非你在上面加可悲、過熟又毫無特色的烤雞肉片，然後壓扁整碗沙拉像填壓垃圾一樣。

上帝沒要你在凱薩沙拉裡加雞肉好嗎。

—

在大型厚底深煎鍋中，用中小火加熱1杯橄欖油。放入4尾鯷魚與壓碎的蒜頭，用木湯匙輕輕將鯷魚搗碎，直到鯷魚散掉後溶入熱油。將火調大，放入麵包丁，翻炒數分鐘，確保麵包丁每一面都呈金黃色。然後用鐵夾或大漏勺取出油炸好的麵包丁，放入攪拌碗，加入鹽、胡椒與1/4杯刨碎的帕馬森起司後溫和地翻攪。將麵包丁移至墊了報紙的烤盤，把油瀝乾。

用食物調理機混合剩下的6尾鯷魚、切碎的蒜頭、芥末醬、檸檬汁、伍斯特辣醬、塔巴斯科辣椒醬與蛋黃，直到食材呈現糊狀。再緩緩滴入剩下的熱油，將它完全攪入。試吃後，視情況加入鹽與胡椒。
在沙拉碗中攪拌醬料與蘿蔓葉片，醬料應包覆葉片，但別淹沒葉片。加入剩下的3/4杯帕馬森起司，再溫和地翻攪。將沙拉分裝至個別的盤子上，可用一、兩尾醋醃鯷魚裝飾。

4到8人份

2 1/2杯特級冷壓橄欖油

10尾油浸鯷魚，瀝乾

4瓣蒜頭：2瓣剝皮後壓碎，2瓣剝皮後切碎

6片三明治用白麵包，切成2公分小丁塊

1杯刨碎的帕馬森起司

適量的鹽與現磨黑胡椒

1小匙第戎芥末醬

1顆檸檬的汁液（約2大匙）

1/2小匙伍斯特辣醬

少許塔巴斯科辣椒醬

3顆蛋黃

1大或2小棵蘿蔓萵苣，剝除最外層深色葉片，洗滌、冷藏後大致切塊

16尾醋醃鯷魚（油浸的白醋醃漬鯷魚），瀝乾，裝飾用（非必要）

特殊用具

墊了報紙的烤盤

食物調理機或攪拌機

TUNA SALAD

鮪魚沙拉

680公克油浸鮪魚，西班牙或義大利種
　類為佳（請見右側說明），瀝乾
1/2顆紅洋蔥，剝皮後切丁（約1/2杯）
3根芹菜，切丁（約1/2杯）
3/4杯自製美乃滋（請見第286頁）或
　現成美乃滋
適量的鹽與現磨黑胡椒
8到10片白麵包
4到6葉捲心萵苣

我對鮪魚沙拉的印象已被早年記憶定型，如果你跟我一樣，你也不會希望它和小時候在速食餐廳櫃檯前吃的沙拉相差太遠。我要的鮪魚沙拉必須放在一排麵包片上，還要脆嫩的捲心萵苣，而且我**不要**用創意料理破壞主要元素的滋味。

儘管如此，鮪魚也有大學問。我喜歡經嚴格檢查的玻璃罐裝或罐頭鮪魚。只要是西班牙人都會告訴你，新鮮的鮪魚不見得是最好的鮪魚，西班牙有些罐頭鮪魚（例如浸橄欖油的Don Bocarte牌或Ortiz牌鮪魚肥肚），價格可高達一罐一百美元。建議使用你所能買到最好的罐頭。
—
將鮪魚、紅洋蔥與芹菜放入攪拌碗，一面緩緩加入美乃滋，一面用叉子攪拌並攪碎鮪魚，如此一來口味較清淡的人才有機會少加一些美乃滋（雖然我個人不是很贊同這樣的選擇，但只能不情願地承認就是有這種人）。放入適量的鹽與胡椒，然後將鮪魚沙拉醬與捲心萵苣放上白麵包片食用。

4到6人份

CHICKEN SALAD

雞肉沙拉

雞肉沙拉並不難做，意思就是說，每一個細節都得做得恰到好處。這裡有一個重點，就是水煮雞肉的切法：以雞肉沙拉三明治的結構而言，我喜歡清楚、明確的小丁塊。雞肉太大塊的話，就不適合當作三明治的餡料；如果切得太小塊，沙拉會變成觀感不佳的爛泥。

—

將雞肉放入厚底鍋，倒入冷水。加熱至即將沸騰，維持同樣的火力煮10分鐘，注意別讓水煮沸。關火，蓋鍋，再靜置10分鐘。用鐵夾或大漏勺取出雞肉，待冷卻後切成0.5公分的小丁塊。

將雞肉丁放入攪拌碗，用鍋鏟拌入美乃滋、紅洋蔥、芹菜、芹鹽、龍蒿（如果有的話）、伍斯特辣醬與塔巴斯科辣椒醬。試吃後，視情況加入鹽與胡椒。

約1公斤，夠做4份一般大小的三明治

2塊去骨、去皮雞胸肉（共約700公克）

2/3杯自製美乃滋（請見第286頁）或現成美乃滋

1顆較小的紅洋蔥，剝皮後切小丁塊（約1/4杯）

1根芹菜，切小丁塊

1小匙芹鹽

1大匙新鮮碎龍蒿（非必要）

1/4小匙伍斯特辣醬

1/4小匙塔巴斯科辣椒醬

適量的鹽與現磨黑胡椒

TOMATO SALAD

番茄沙拉

1公斤頂級熟番茄，挖去果核後，大致切成
  楔形

1瓣蒜頭，剝皮後切碎

2大顆紅蔥，剝皮後切成細絲

1杯新鮮香芹，在攪拌與上菜前細切

3片羅勒，在攪拌與上菜前細切

6大匙頂級的特級冷壓橄欖油

2大匙紅酒醋

1小匙雪莉醋

適量的海鹽

適量的黑胡椒，大致磨碎

番茄沙拉的成敗關鍵是原料本身，番茄必須是當季生產，熟度恰到好處。你可能會問，一定要買祖傳番茄（譯註：一種天然授粉、非雜交品種番茄，據傳較一般市面上的番茄可口。）嗎？祖傳番茄真的優於顏色剛轉紅時採摘的番茄或其他品種的成熟番茄嗎？在我看來，祖傳番茄就像勃根地酒，雖然同樣貼著象徵高品質的標籤，你仍難以預料每一顆番茄、每一瓶酒的品質——這也是它的有趣之處。

—

在沙拉碗中混合番茄、蒜頭、紅蔥與香草，淋上橄欖油與醋之後，用海鹽與胡椒調味。用沙拉夾或洗得非常乾淨的手溫和地翻攪，盡量讓番茄塊保有完整的形狀。立即上菜。

4到6人份

POTATO SALAD

馬鈴薯沙拉

1公斤（約6或7顆較大的）育空黃金馬鈴薯
（Yukon Gold potatoes），削皮後切成2公分
丁塊

1大匙白醋

1大匙猶太鹽，可視情況加量

170公克厚切培根

1杯自製美乃滋（請見第286頁）或現成美乃滋

2大匙紅酒醋

1大匙第戎芥末醬

適量的現磨黑胡椒

1小顆紅洋蔥，切小丁塊（約1/3杯）

1根芹菜，切小丁塊

10到12條醃黃瓜，切碎

1/4杯漂亮的芹菜葉，裝飾用（非必要）

特殊用具

墊了報紙的盤子

我們要做的是直截了當的馬鈴薯沙拉，不過我們
會用培根替代全熟水煮蛋。記得選用品質好的馬
鈴薯（別煮得過熟），自己調美乃滋，買高檔的厚
切培根（很多品牌都有在網路上賣高品質培根，像
Nueske's、Snake River Farms、Benton's Country
Hams和Zingerman's等等，或者你也可以去當地
市集找肉攤買培根），還要記得注意調味。

—

將馬鈴薯放入中型厚底鍋，倒入2.5公分高的冷水，加入
白醋與1大匙鹽之後稍微攪拌，煮至沸騰。繼續煮大約
10分鐘，直到馬鈴薯熟透。關火，瀝乾，排列在烤盤上
以便冷卻。

與此同時，用平底鍋煎培根，煎到酥脆。將培根取出
後，置於墊了報紙的盤子上瀝油，冷卻後將培根切塊或
搗成碎塊。

在中型攪拌碗中將美乃滋、紅酒醋、芥末醬、鹽與胡椒
拌勻，放入馬鈴薯、培根、紅洋蔥、芹菜與醃黃瓜，用
鍋鏟翻攪。試吃後，視情況調味。撒上裝飾用的芹菜葉
之後即可上菜。

約2公斤，8到12人份

BOSTON LETTUCE WITH RADISHES, CARROTS, APPLES, AND YOGURT, CHIVE DRESSING

波士頓萵苣佐櫻桃蘿蔔、紅蘿蔔、蘋果與優格蝦夷蔥醬

這道沙拉組合的形狀與色彩十分美觀，味道也非常好，同時也有變化空間。你可以用其他口感相似的蔬菜（像紅橡葉萵苣、嫩芝麻葉、蘿蔓萵苣、嫩菠菜），但要避免使用菊苣、苦苣或嫩羽衣甘藍等較硬的蔬菜。蝦夷蔥可用香芹、薄荷或羅勒，或以上三者的組合取代。除了檸檬汁以外，你也可以用香檳、紅酒、白酒或蘋果醋，但別用葡萄甜醋，否則味道會甜得過分。準備食材時，別忘了蘋果（與蘿蔔）接觸空氣後會變成褐色，所以別太早開始準備這幾樣食材，或記得用少許檸檬汁暫緩氧化作用。

—

在小攪拌碗中拌勻優格、橄欖油、檸檬汁、鹽、胡椒、魚露（如果有的話）與蝦夷蔥。試吃後，依個人口味調味。

將萵苣、櫻桃蘿蔔、紅蘿蔔與蘋果放入沙拉碗，假如你打算在廚房裡淋沙拉醬，可先翻攪（若是如此，你必須等客人都入座、預先冰過的沙拉盤都準備好之後，才能加入醬料，因為酸性的優格碰到沙拉後，便會破壞食材的化學成分，大幅減少視覺上的分數）。或者你可以選擇不攪拌沙拉，像什錦沙拉一樣將各食材分開擺放，然後將沙拉醬置於一旁。

4到8人份

3/4杯全脂優格

3大匙頂級的特級冷壓橄欖油

2大匙現榨檸檬汁

1小匙鹽

1/4小匙現磨黑胡椒

1小匙魚露（非必要，但建議使用）

3大匙新鮮蝦夷蔥，切碎

1棵波士頓萵苣，洗滌後撕成適口的小片

3棵櫻桃蘿蔔（或1棵紅心蘿蔔或早餐蘿蔔），刷乾淨後切成薄片

1大根或2根中型大小的紅蘿蔔，削皮後大致刨絲

1顆蘋果，微酸的品種為佳，挖去果核後切絲

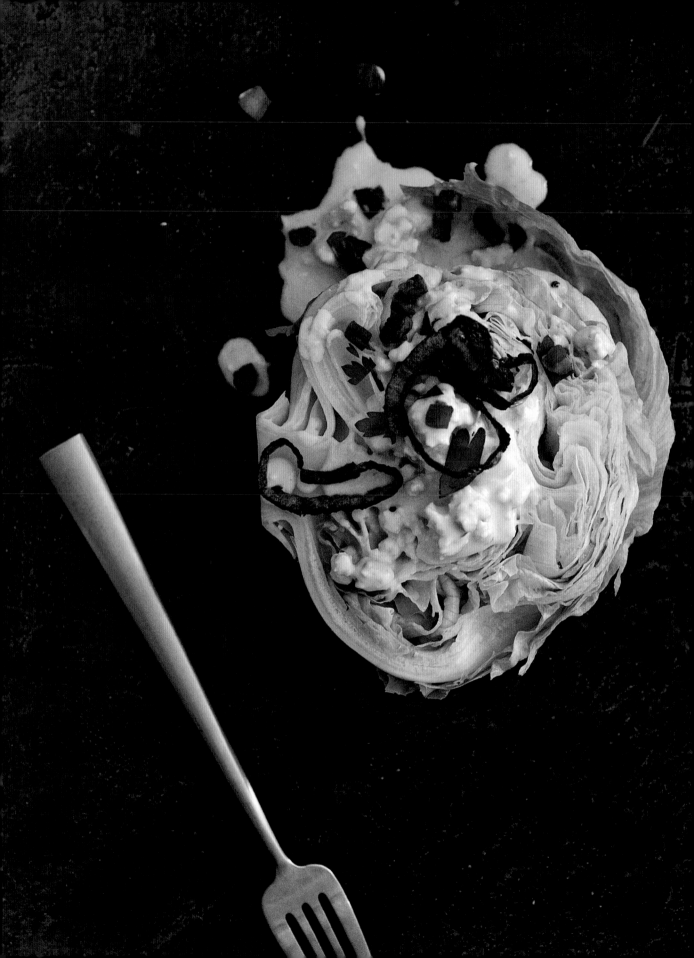

ICEBERG WEDGE WITH STILTON AND PANCETTA

捲心萵苣塊佐史帝頓起司與義大利培根

還記得有陣子，所有人都鄙視捲心萵苣，它突然從菜單上消失嗎？我也不記得了。我們就假裝這件事從沒發生過吧。

—

將義大利培根放入大的深煎鍋，不時翻炒，中火煮至培根丁呈褐色、脂肪消失，約8到10分鐘。用大漏勺起鍋，將義大利培根移至墊了報紙的盤子上瀝油。

在中型攪拌碗中，將美乃滋、菜籽油、紅酒醋、檸檬汁與一半的史帝頓起司攪拌至均質，必要時以1大匙的水稀釋。試吃後，酌量添加鹽與胡椒。

在每個盤子鋪上幾大匙沙拉醬，放上捲心萵苣塊，再淋上一、兩大匙沙拉醬。撒上少許義大利培根與剩下的藍起司，然後用香芹與炒紅蔥裝飾，即可上菜。

6人份

170公克義大利培根，切丁

225公克史帝頓起司或其他優質藍起司，捏碎

1/4杯自製美乃滋（請見第286頁）或現成美乃滋

2大匙菜籽油

2大匙紅酒醋

1大匙現榨檸檬汁

適量的鹽與現磨黑胡椒

1粒捲心萵苣，洗滌過後挖去中心，切成6塊

1/4杯新鮮義大利香芹，大致切碎

1/2杯炒紅蔥（請見第223頁）

特殊用具

墊了報紙的盤子

DO CHUA SALAD WITH HERBS, SCALLIONS, SPROUTS, AND EGG

越式醃蘿蔔沙拉佐香草、青蔥、豆芽與水煮蛋

如果你懂得買菜，任何一間廚房都能煮出道地的越南料理。舉個例好了：越式醃蘿蔔是一種快速醃漬的料理，不用太多食材就能做出來。它是越式法國麵包的關鍵餡料（請見第107頁），也是我們這種嫩脆沙拉的基底。買香草時拜託注意一下，別買到泛黃的香菜、老到莖部木質化的薄荷，或黑掉的羅勒。這道菜只須加一塊豬排、豬肉末、牛肉末或羊肉末，也許加一些白飯或米線，就能搖身變成晚餐。

—

首先，做越式醃蘿蔔：在大攪拌碗中，充分攪拌紅蘿蔔、白蘿蔔、鹽與兩小匙砂糖。靜置30分鐘，倒掉碗底的汁液，隨後用餐巾紙或乾淨的廚房用毛巾將菜擦乾。沖洗並擦乾攪拌碗，將食材放回碗裡，再放入剩下的砂糖、白醋、雪莉醋與熱水，加蓋後在室溫下靜置1小時。靜置過後，你可以選擇直接開始做沙拉，或用玻璃容器冷藏保存長達3週。

用鐵夾將越式醃蘿蔔移至乾淨的攪拌碗，沾附在食材表面的鹽水不必特地移除，但也別將醃漬用的鹽水全部倒過來。放入青蔥、豆芽與全熟水煮蛋，輕柔地翻攪。加入香草後再次翻攪。試吃後，酌量加入越式酸甜魚露與是拉差香甜辣椒醬，然後立即上菜。

4到6人份

4根中型或大的紅蘿蔔，削皮後切絲

1根大白蘿蔔（450到675公克），削皮後切絲

1大匙鹽

2小匙再加上2大匙砂糖

1/4杯白醋

1/2杯雪莉醋

3/4杯熱水

1把青蔥，切除根部後將白色與淺綠色部分切薄片，深綠色部分留著熬湯

2杯鮮脆綠豆或黃豆芽

4顆全熟水煮蛋（請見第91-92頁），剝殼後沿長邊切成4等份

1杯新鮮嫩羅勒

1杯新鮮嫩薄荷

1杯新鮮香菜

適量的越式酸甜魚露（請見第291頁）

適量的是拉差香甜辣椒醬（Sriracha）

[4]

SOUPS

CREAM OF TOMATO SOUP

奶油番茄濃湯

小學二年級時，我被一個叫吉比（Skippy）的三年級男孩霸凌。你沒看錯，他的名字就是那個吉比花生醬的吉比，我告訴你，這傢伙是紐澤西州教育體系製造出最凶殘、最恐怖的混混。他跟其他三年級同學把我壓在地上暴打，還揚言要餵我喝漂白水。不用說，我那天回家時一把眼淚一把鼻涕的。

媽媽做了番茄濃湯給我喝——應該說，她打開罐頭，加了一點牛奶後加熱。你也知道我說的是什麼罐頭。

時至今日，番茄濃湯的味道依舊帶給我溫暖和安慰，令我想起微乾的淚痕。奶油番茄濃湯應該要能讓你的心情平復下來，味道不該與罐裝濃湯相差太遠，食用時應搭配蘇打餅乾或牡蠣餅乾。

—

用大型厚底鍋將水煮至沸騰。用水果刀在每顆番茄兩端劃「X」形，水滾後將番茄放入鍋裡，必要時分兩批，以免空間不夠或使水溫巨幅降低。讓番茄在即將沸騰的水中煮30到60秒，直到果皮開始剝落。用鐵夾將番茄移至裝滿冰塊與冰水的大碗，冷卻後剝除並棄置果皮，大致將番茄切塊。

在大型厚底湯鍋中將奶油加熱至七分熱，然後放入黃洋蔥、紅蘿蔔與芹菜。中大火翻炒，直到食材變軟、出汁，約2分鐘。用鹽與胡椒調味，拌入蒜頭。繼續翻炒，直到食材呈金褐色，約7到10分鐘。別讓食材燒焦或變深褐色。

約12顆熟透的羅馬番茄或大小相似的番茄

3大匙無鹽奶油或橄欖油

1大顆黃洋蔥，剝皮後切碎

2根中型大小的紅蘿蔔，削皮後切碎

2根芹菜，切碎

適量的鹽與細碎黑胡椒

1大瓣蒜頭，切碎

1罐（約800公克）剝皮羅馬番茄

3杯深色萬用高湯（請見第274頁）或雞肉高湯

1片乾月桂葉

1大匙糖

1大匙蘋果醋

1/4杯高脂鮮奶油

特殊用具

冰水浴（裝滿冰塊與冰水的大碗）

攪拌機或手持攪拌器

拌入切塊的新鮮番茄、罐裝番茄及番茄汁，用一點水沖洗罐頭內部後將水也倒入湯鍋。湯開始冒泡時，加入高湯、乾月桂葉、糖與醋。加熱到沸騰，降溫至即將沸騰的溫度，開鍋煮約30分鐘。

關火，把月桂葉挑出來丟掉。用攪拌機將湯充分混勻，拌入高脂鮮奶油之後，依個人喜好用鹽、胡椒、糖與醋調味。

6到8人份

PORTUGUESE SQUID AND OCTOPUS SOUP

葡萄牙魷魚章魚湯

我在普羅威斯頓一間叫Cookie's Tap的小餐廳愛上這道料理，（據說）很受當地漁民與運彩賭徒們的喜愛；我從未吃過這樣的菜餚。那之後我花了好幾年試圖模仿它，這本書收錄的版本經過改良，並不是完美的仿製品，不過我認為它抓住了原版的優點與精神。

我建議你一邊熬章魚高湯一邊煮紅酒，因為用中大火將紅酒從三杯煮到剩一杯，大概需要三十到四十五分鐘。

一

在大型厚底鍋中，用中大火將1/2大匙菜籽油加熱至七分熱。分批稍微燙過章魚與魷魚塊，直到汁液流出，約1到2分鐘。瀝乾後將一半的章魚與魷魚放著備用。

剩下的章魚與魷魚放回鍋裡，加入黑胡椒粒、大致切塊的洋蔥、完整蒜頭、紅蘿蔔與芹菜。加水至剛好淹過食材，小心維持即將沸騰的溫度，熬煮1小時做章魚高湯。將高湯過濾後丟棄固狀物（不過你應該把章魚吃掉），剩下的湯放置一旁。

用中型燜鍋或有蓋平底鍋，中火加熱剩下的菜籽油。將青椒、切丁洋蔥與薄片蒜頭在油中炒出汁液，約3到4分鐘，然後拌入孜然、辣椒粒與奧勒岡草，再煮2分鐘後拌入剩下的章魚與魷魚肉。煮2到3分鐘，加入番茄糊，再煮1到2分鐘，直到番茄糊不再呈鮮紅色，並開始沾黏在香草表面與鍋底。用煮過的紅酒洗鍋收汁，必要時用木匙刮鍋底。加入碎番茄，倒入足量高湯，高湯應

1 1/2大匙菜籽油

10條章魚腳，移除口器後將章魚腳切成適口的小塊

8隻完整魷魚，移除口器後去皮，切成0.5公分管狀

1小匙完整黑胡椒粒

1顆中型大小的黃洋蔥，剝皮後大致切塊，再加上1顆中型大小的洋蔥，剝皮後切成丁塊

4顆完整蒜頭，剝皮，再加上8瓣蒜頭，剝皮後切薄片

1根紅蘿蔔，削皮後大致切塊

1根芹菜，大致切塊

1大顆青椒，挖去果核與種子，切成丁塊

1大匙碎孜然

1/4小匙紅辣椒粒

1枝新鮮奧勒岡草

1大匙番茄糊

1瓶乾紅酒，煮到2/3蒸發

2杯罐裝碎番茄與汁液

2顆育空黃金馬鈴薯，洗刷後切丁塊

適量的鹽與現磨黑胡椒

高於食材表面2.5公分。必要時加水。加入馬鈴薯，充分攪拌後讓湯
在即將沸騰的溫度熬煮1小時。
用適量的鹽與胡椒調味。測試章魚的嫩度，若不夠嫩，再用中小火
燉煮10到20分鐘，直到肉質軟嫩。

4到6人份

PORTUGUESE KALE SOUP

葡萄牙羽衣甘藍湯

1 1/2杯乾燥腰豆

1大塊豬腳或類似的熬湯用肉骨，切塊讓
　骨髓能熬入高湯

3到4公升深色萬用高湯（請見第274頁）

225公克喬利佐香腸（chouriço），切成
　0.5公分厚片

450公克葡萄牙式蒜味煙燻香腸
　（linguiça），切成0.5公分厚片

2把捲葉羽衣甘藍，去除中心植莖後洗滌
　葉片，大致切塊

4大顆或5顆中型大小的蠟質馬鈴薯，削
　皮後切丁塊

適量的紅辣椒粒

1大匙雪莉醋

適量的鹽與現磨黑胡椒

這又是一道普羅威斯頓（Provincetown）經典佳餚，靈感源自已故的霍華德・米查姆（Howard Mitcham）。這位毫不做作、聰明絕頂的鱈魚角名廚作家著有《普羅威斯頓海鮮食譜》（Provincetown Seafood Cookbook），此書是絕版珍品，無論價錢多昂貴，只要看到就該買回家。米查姆版的葡萄牙羽衣甘藍湯用的是白腰豆，又稱海軍豆。我個人更喜歡用紅腰豆。

—

在大型厚底湯鍋中，用充足的冷水浸泡腰豆12小時，或用4杯水淹蓋乾燥腰豆後大火煮沸。蓋鍋，關火，靜置90分鐘，然後瀝乾。

在乾淨湯鍋中放入浸泡過或煮過的腰豆及豬腳，用深色萬用高湯淹蓋，再倒入1公升的水。加熱至沸騰，降溫至即將沸騰的溫度熬煮1小時，並用大漏勺或湯勺撈掉浮渣。放入喬利佐香腸、葡萄牙式蒜味煙燻香腸與羽衣甘藍，同樣以即將沸騰的火力煮1小時。放入馬鈴薯、辣椒粒與醋，用適量的鹽與胡椒調味。至少再熬煮1小時，必要時加入更多高湯或水，淹過所有食材。熬湯的時間愈久，味道就愈可口；霍華德・米查姆認為至少要煮上5小時。

8到10人份

BLACK BEAN SOUP

黑豆湯

黑豆湯的重點是調味蔬菜丁（其實就是西班牙番茄醬），一般內含洋蔥、紅蘿蔔、芹菜與蒜頭，我們用紅椒添加額外的甜分，而喬利佐香腸則提供了豬肉的鮮味。

—

將乾燥黑豆放入有蓋的大厚底湯鍋，用四杯水淹蓋黑豆後快速煮沸。蓋鍋，關火，靜置90分鐘，然後瀝乾。

在大型厚平底深鍋中，用中火加熱豬油。放入切塊的喬利佐香腸以中火烹煮，不時翻炒，直到大部分的油脂融出。用鐵夾或大漏勺取出喬利佐香腸，置於一旁。

將洋蔥、紅蘿蔔、芹菜、紅椒、蒜頭、孜然、奧勒岡草與辣椒粉放入熱平底深鍋，中火烹煮，不時翻炒，直到蔬菜變軟且呈淺褐色，約5到7分鐘。用適量的鹽與胡椒調味。

將火調大，煮2分鐘，直到蔬菜大部分的水分蒸發。加醋，攪拌以刮除鍋巴，然後繼續大火烹煮，直到醋冒泡、蒸發並失去嗆鼻味。

倒入高湯，加熱至沸騰，然後放入瀝乾的黑豆，充分攪拌。降溫至即將沸騰的溫度，煮煮約45分鐘，直到黑豆變得軟爛。關火，用手持式攪拌器間歇攪拌，將大部分的黑豆打碎但仍保留塊狀。將剛才放在一旁的喬利佐香腸拌入湯裡。必要時用鹽與胡椒調味，若太過濃稠可加少許水或高湯。

將切片的喬利佐香腸放入小深煎鍋，兩面都燙過，直到部分油脂融出。移出深煎鍋，放在報紙上瀝油。

趁湯熱的時候上菜，喬利佐香腸片與所有裝飾物分開擺放。

6到8人份

1 1/2杯乾燥黑豆

2大匙豬油或橄欖油

4節乾燥喬利佐香腸，大致切塊

1顆紅洋蔥，切碎

1小根蘿蔔，削皮後刨絲

1根芹菜，切碎

1顆中型大小的紅椒，挖去果核與
　種子後切碎

5瓣蒜頭，切碎

2小匙碎孜然

2小匙乾燥奧勒岡草

2小匙煙燻辣椒粉

適量的鹽與現磨黑胡椒

1/4杯雪莉醋或紅酒醋

4杯深色萬用高湯（請見第274頁）

2節乾燥喬利佐香腸，切薄片

裝飾物

可準備以下任一或全部：切薄片的
　全熟水煮蛋、萊姆片、香菜葉、
　切碎的紅洋蔥、切碎的青蔥、酸
　奶油、辣醬、烤過的墨西哥玉米
　薄餅

特殊用具

手持式攪拌器

用來瀝乾喬利佐香腸的報紙

New England Clam Chowder

新英格蘭蛤蜊巧達湯

這世上「巧達湯」只有一種,其他都只是普通的湯。而我是只做蛤蜊巧達湯的純粹主義者。教我做蛤蜊巧達湯的是一位了不起的女人,她名叫莉蒂亞(Lydia),是專業廚師,出了名地愛喝酒。她出自鱈魚角的一個葡裔漁民家庭,她的巧達湯(以及她的行為)無人不知、無人不曉。下班後,她經常蹣跚地步出廚房,跌跌撞撞地走進用餐區,在顧客面前滔滔不絕地對老闆大聲謾罵,而老闆只能駭然呆坐在原位聽她飆髒話。我認為老闆容忍莉蒂亞這樣的表現,證實了她的巧達湯無人能比。她的新英格蘭蛤蜊巧達湯不用培根,而是用鹹豬肉,而且最後會淋上一點澄清奶油(clarified butter),是老派的做法。現在很少人像莉蒂亞這樣了。

—

在有蓋的大型厚底深煎鍋中,將蛤蜊分幾批(一次約1到2打)單層排開。倒入1/2杯水,蓋鍋煮到沸騰,用蒸氣讓蛤蜊殼打開。別忘了經常檢查,用鐵夾將已經打開的蛤蜊移至烤盤冷卻,再放入更多蛤蜊,直到所有蛤蜊都已打開。棄置蒸一段時間還沒打開的蛤蜊,每打通常會有一、兩顆啞彈。冷卻至不燙手時,從殼中挖出蛤蜊肉,盡量別讓蒸煮的汁液(一般稱為「煮液」)流失,然後將蛤蜊肉放在小碗或其他容器內。

在厚底湯鍋或有蓋平底鍋中,用中火加熱鹹豬肉,直到油脂開始融出。加1或2大匙水以免豬肉焦黃,偶爾翻拌。當大部分的油脂融出後,放入洋蔥並充分攪拌,讓油脂完全包覆洋蔥。稍微用鹽與胡椒給洋蔥調味,煮到洋蔥透明但還未變褐色。放入馬鈴薯,並倒入足以淹蓋馬鈴薯的水,燉至馬鈴薯稍微軟化。

8打蛤蜊,蚌蠣類為佳,刷洗乾淨
112公克鹹豬肉或頂級培根,切丁
2顆白洋蔥或黃洋蔥,剝皮後切碎
適量的鹽與現磨黑胡椒
3顆育空黃金馬鈴薯,削皮後切丁
2大匙中筋麵粉
2杯全脂牛奶
1杯高脂鮮奶油
Pilot牌蘇打餅乾,上菜用

將麵粉與幾大匙牛奶攪成滑順的漿液，然後將漿液倒入湯鍋，充分攪拌。放入蛤蜊肉與煮汁，燉煮約5分鐘，直到蛤蜊肉全熱。

上菜前拌入剩下的牛奶與高脂鮮奶油，充分加熱，但別讓湯沸騰。

試吃後，依口味用鹽與胡椒調味。同餅乾一起上桌。

6到8人份

GOULASH

菜燉牛肉

我剛成為專業廚師時，就做過這道湯和許多種變化
版本。這邊記錄的版本是最近去布達佩斯時，一名
吉普賽歌手在自己家中為我們煮的菜燉牛肉。

—

用鹽與胡椒充分替牛肉調味。在大型厚底鍋中，用中火加
熱菜籽油，放入牛肉。將牛肉每一面都煎過之後，放入洋
蔥並添加少許的鹽，幫助洋蔥出汁，快燒焦再翻動即可。
讓洋蔥煮到呈金褐色，約10分鐘，然後拌入匈牙利紅椒
粉、葛縷子籽與蒜頭。中大火煮2分鐘，再放入乾月桂
葉、紅蘿蔔、歐防風與芹菜，加水淹蓋。加熱至沸騰，降
至即將沸騰的溫度。用湯勺或大漏勺撈掉浮渣，接著蓋鍋
燉煮45到50分鐘。

放入馬鈴薯，繼續蓋鍋燉煮20到25分鐘，直到馬鈴薯變
軟。放入番茄與青椒，開鍋再燉5分鐘。試吃後，視情況
用鹽與胡椒調味。用碗盛湯，搭配麵包片與酸奶油上菜。

4到6人份

675公克牛肩胛肉小排，切成2.5公分丁塊
適量的鹽與現磨黑胡椒
2大匙菜籽油或植物油
2顆中型大小的白洋蔥或黃洋蔥，剝皮後大致切塊
1/4杯匈牙利紅椒粉
1 1/2小匙葛縷子籽
3瓣蒜頭，剝皮後切碎
1片乾月桂葉
2根中型大小的紅蘿蔔，削皮後切丁
1根歐防風，削皮後切丁
1根芹菜，切丁
3顆蠟質馬鈴薯，切丁
3顆成熟羅馬番茄，剝皮後大致切塊
2顆中型或大青椒，挖去果核與種子後切碎

裝飾物
黑麵包或其他鄉村麵包，切片
酸奶油

HOT BORSCHT

羅宋湯

1塊豬腳（腳蹄），沿長邊對切

1塊煙燻豬腳（腿部）

2.5公升深色萬用高湯（請見第274頁）

2大匙鴨油或豬油

2顆白洋蔥或黃洋蔥，剝皮後切丁塊

適量的鹽與現磨黑胡椒

4瓣蒜頭，剝皮後大致切塊

4根紅蘿蔔，削皮後切丁塊

1125公克甜菜（約4到6棵中大型的甜菜），削皮後切丁塊，再加上1棵中等大小的甜菜，削皮後刨成細絲

1棵蕪菁，削皮後切丁塊

1/4顆中等大小的綠甘藍，切成0.5公分粗的菜絲（約3杯）

5枝新鮮蒔蘿，分離莖與葉，葉留著裝飾用

1顆檸檬的汁液（約2大匙）或1大匙紅酒醋或雪莉醋

酸奶油，裝飾用

你以前可能覺得羅宋湯和洗碗水一樣噁心，不過，加上豬腳的版本味道更香濃，會讓你對羅宋湯改觀。至於這種湯品近乎血紅的鮮明色澤，是源自最後加入的甜菜細絲。

—

將豬腳（腳蹄）放入大型厚平底深鍋，用冷水淹蓋。加熱至沸騰，煮5分鐘，然後移出熱水並充分沖洗。將水倒掉，清洗並擦乾平底深鍋。將豬腳（腳蹄和腿部）與高湯放入鍋中，必要時加水淹蓋豬腳的關節部位。加熱至即將沸騰，再小火熬煮1小時。

在大型厚底湯鍋或有蓋平底鍋中，用中火加熱鴨油。放入洋蔥並翻炒，讓鴨油包覆洋蔥，然後用鹽與胡椒調味。煮5分鐘，接著放入蒜頭、紅蘿蔔、甜菜丁與蕪菁並攪拌，讓鴨油包覆食材並讓洋蔥出汁。再次用鹽與胡椒調味，煮5分鐘，偶爾攪拌。放入綠甘藍與蒔蘿莖，又一次翻拌與調味。

倒入溫熱的高湯後煮沸，再放入豬腳，燉煮約40分鐘，直到蔬菜變軟。拌入檸檬汁，試吃後，視情況用鹽、胡椒與/或檸檬汁調味。拌入甜菜細絲，繼續燉煮。將腳蹄取出丟棄；再取出豬腳腿部，盡量取下豬腳肉，將肉放回湯中燉煮。

搭配酸奶油與蒔蘿葉上菜。

6到8人份

KUCHING-STYLE LAKSA

古晉叻沙

如果要舉行最神奇的湯麵排名，叻沙絕對是最頂尖的湯麵。最棒，也最美味。早餐、午餐、晚餐——不管你遇到什麼困難，它都能幫你解決。

我沒有說這是全世界最好的叻沙食譜，它當然不是，但我希望它能讓你淺嚐叻沙的無限潛力。

我深信一碗辣味的麵是通往完美與幸福的門扉。近來我有不少快樂時刻，都是坐在亞洲某處的塑膠矮凳上，大啖滿是辣椒的湯麵。馬來西亞的叻沙是湯麵的極致，有一種非常美味的檳城叻沙，湯頭是用羅望子果和魚肉熬出來的，湯裡還漂著鯖魚和鳳梨——檳城叻沙和古晉叻沙都極受歡迎，不過我還是最愛古晉的版本。

我愛吃辣，所以你自己料理的時候可以調整辣椒醬或辣椒的多寡。在我看來，理想情況下，吃完一碗叻沙之後你應該滿頭大汗。

叻沙糊的滋味會隨時間變濃，所以建議在煮叻沙的前幾天先將叻沙糊準備好。

—

2公升深色萬用高湯（請見第274頁）

1大塊帶骨雞胸肉，去皮

3/4杯砂拉越叻沙糊（請見第71頁）

16到20尾大蝦，去殼、挑腸但保留尾部，蝦殼留著熬湯

2大顆雞蛋

1小匙醬油

1大匙植物油

225公克米粉

3/4杯椰奶

約2杯綠豆芽

新鮮香菜葉或新鮮小香菜枝，裝飾用

現切紅辣椒，裝飾用

萊姆片，裝飾用

適量的參巴辣蝦醬（紅辣椒混蝦醬製成的調味醬料，在亞洲市場、備貨充足的有機食品商店或網路上都買得到）

在有蓋的大型厚底鍋中，將高湯加熱至沸騰。放入雞肉，降溫至即將沸騰的溫度，煮12分鐘。關火，蓋鍋，靜置12到15分鐘，直到完全燜透。將雞肉移出高湯，足夠冷卻時，移除骨頭，然後用兩根叉子將雞肉撕碎。放在一旁，等準備上菜時再添加。

開火繼續加熱高湯，放入叻沙糊與蝦殼，加熱至即將沸騰，小火燉煮30分鐘。

燉高湯的同時，在攪拌碗中將蛋與醬油打勻。在煎鍋（鑄鐵為佳）中，用中大火加熱植物油至七成熱，倒入蛋汁後煮2分鐘，然後用鍋鏟翻面，再煮90秒。起鍋後讓蛋冷卻，切成蛋絲後放在一旁。

將中型厚底鍋裝滿水，煮至沸騰。將米粉放入大攪拌碗，水滾後關火，將熱水倒在米粉上，使米粉完全浸入水中。稍微晃動以免米粉沾黏，放置5分鐘。試吃一條米粉測試熟度，米粉泡軟後，將水瀝乾，米粉放置一旁。若米粉有互相沾黏的跡象，可加幾滴油翻拌。

用篩子過濾熱高湯，繼續以接近沸騰的火力燉煮，加入蝦仁。將蝦仁煮熟（約30秒）接著移出熱湯，放在一旁。倒入椰奶，煮至剛好沸騰，然後關火準備上菜。

將米粉、雞肉、蝦仁與綠豆芽平分給四個湯碗，倒入熱湯。搭配香菜、紅辣椒、萊姆片與參巴辣蝦醬上菜

4人份

SARAWAK LAKSA PASTE

砂拉越叻沙糊

叻沙糊的製作過程是愛的勞動，你必須投入採購與準備的時間。如果你買已經烘烤並磨碎的辛香料與種子，確實能省時省力，但別買乾燥紅蔥或乾燥蒜頭，也千萬別忘了買新鮮紅辣椒。如果實在找不到高良薑，可以用新鮮的薑替代。

一

在大攪拌碗中，用大攪拌匙混合紅蔥、蒜頭、高良薑、新鮮與乾燥紅辣椒、檸檬草、辛香料、種子與堅果。分批用食物調理機將食材攪成糊狀，必要時用塑膠鍋鏟刮下沾附在碗邊緣的食材。將攪切完畢的混合食材放入第二個大攪拌碗，當所有食材都攪切完畢後，用中火在中式炒菜鍋或厚底大燜鍋加熱大豆油，小心加入糊狀食材，煮約1小時並經常攪拌，以免燒焦或沾鍋。必要時，刮除沾黏在鍋面的糊狀食材，以免燒焦。

烹煮並攪拌1小時後，拌入鹽、棕櫚糖與加水的羅望子果泥，繼續邊煮邊攪拌，約20分鐘。關火，將完成的叻沙糊移至保存容器，加蓋後冷藏。

若密封冷藏，叻沙糊能保存長達一個月。若冷凍，保存期限長達數月。

約10杯

10顆紅蔥，剝皮後大致切塊

5大瓣蒜頭，剝皮後大致切塊

1大塊高良薑（約340公克），切碎

10條新鮮長條紅辣椒，切塊（可以去除部分或全部辣椒籽與中果皮，減低辣度；切勿接觸眼睛）

1/2杯乾燥紅辣椒，熱水浸泡20分鐘後瀝乾

5枝檸檬草（僅白色部分），大致切碎

100公克夏威夷豆或腰果

3/4杯烤花生

1/2杯芝麻，烘烤

3大匙孜然籽，烘烤後磨碎

1/2杯芫荽籽，烘烤後磨碎

6瓣八角，烘烤後磨碎

7塊丁香，烘烤後磨碎

1小匙肉豆蔻粉

10個小豆蔻果莢

2杯大豆油

5大匙鹽

1/4杯棕櫚糖

225公克羅望子果泥，加入1杯滾水攪勻

特殊用具

食物調理機

容量達10杯的保存容器

BUDAE JJIGAE

部隊鍋

1朵乾燥香菇

4大尾乾燥鯷魚，去除頭部與內臟後，用
　棉質紗布包裹

1片7.5乘12.5公分乾燥海帶或昆布

1/2小匙海鹽

335公克午餐肉，切成1公分肉片

1 1/2杯大白菜泡菜

225公克年糕，切片

1顆白洋蔥，剝皮後切薄片

2棵青蔥（白色與淺綠色部分），切薄片

5瓣蒜頭，剝皮後壓碎

3條熱狗，切薄片

225公克豬絞肉

3大匙醬油

2大匙韓國辣椒醬

3大匙中／細研磨的韓國辣椒粉

3大匙韓國清酒

3大匙罐裝焗豆

1包泡麵，韓國的「辛泡麵」為佳，丟棄
　調味包

部隊鍋據說是戰時的發明，用部隊營區販賣部的罐頭食品煮成湯麵。這是宿舍食物的極致。光看原料你可能會覺得很恐怖，但混在一起就很好吃了。它體現出過去幾世紀的烹飪精髓：即興、生於戰亂與苦難、懷舊、感性且多變。

—

首先是鯷魚高湯：將香菇、鯷魚、海帶、4杯水與鹽放入中型厚底鍋，煮至沸騰。降溫至即將沸騰的溫度，燉30分鐘。關火，過濾後棄置固態食材，將高湯放置一旁。

將午餐肉、泡菜、年糕、洋蔥、青蔥、蒜頭、熱狗與豬肉在大淺鍋中分堆擺放。

加入醬油、韓國辣椒醬、韓國辣椒粉與韓國清酒，緩緩倒入鯷魚海帶高湯。放入焗豆與1 1/2杯水，大火煮至接近沸騰的溫度，偶爾用木匙攪拌。

燉煮約10分鐘，然後放入泡麵。舀高湯倒在麵上，幫助麵條分離。繼續煮2到3分鐘，直到麵條全熟但仍有嚼勁。

2到4人份

SHRIMP BISQUE

鮮蝦濃湯

800公克大蝦，去殼、挑腸，保留蝦殼
　　與6尾大蝦

4 1/2杯海鮮高湯（請見第278頁）

1/4杯特級冷壓橄欖油

3顆紅蔥，剝皮後切碎

2棵青蔥，切除頭尾後切薄片

3瓣蒜頭，剝皮後切碎

2大匙番茄糊

1/4杯科涅克白蘭地

1/4杯蘇玳葡萄酒或雪莉酒

1大匙頂級魚露

4大匙（1/2條）無鹽奶油

1/4杯中筋麵粉

1 1/2杯高脂鮮奶油

適量的猶太鹽與現磨黑胡椒

1/2顆檸檬的汁液（約1大匙）

炸蝦天婦羅或鮮蝦沙拉，裝飾用（請見
　　下一小節的食譜）

特殊用具
食物調理機

數十年來，由於環境惡劣的養蝦場、廉價連鎖餐廳永無止盡的鮮蝦特餐，以及《阿甘正傳》（Forrest Gump），美國的蝦子顏面掃地。不過這並非唯一的選擇——你看看西班牙還有葡萄牙的鮮蝦料理、日式壽司的蝦子，更別提東南亞的蝦醬，蝦子有多受歡迎！這份食譜將試圖以「濃湯」（一般是留給蝦界大哥——龍蝦——的特殊待遇）挽回蝦子的尊嚴。

一

在中型厚平底深鍋中，放入蝦殼與海鮮高湯，煮至即將沸騰。燉煮約20分鐘，過濾後將高湯倒入乾淨的中型平底深鍋，丟棄蝦殼。用極小火使滋味濃厚的高湯保持溫熱。

在大型厚底湯鍋中，用中火加熱橄欖油。放入紅蔥與青蔥，用中小火烹煮約5分鐘，偶爾攪拌，直到食材呈金黃色、半透明，但尚未變褐色。放入蒜頭與番茄糊，煮1分鐘。放入大蝦（除了預先保留的6尾），中大火煮2分鐘，直到剛好全熟。

關火後倒入科涅克白蘭地，它不太可能引燃，但酒精會快速揮發，很快地煮乾。重新開火，刮除鍋底的鍋巴，然後用蘇玳葡萄酒與魚露洗鍋收汁，繼續刮鍋巴並攪拌。煮約3分鐘後關火，分批將食材移至食物調理機，用塑膠鍋鏟確保所有食材都放入調理

機。盡量將食材打成細泥狀，完成後倒入攪拌碗。

注意：假如你選擇用炸蝦天婦羅做較華麗的裝飾，建議將湯打得更細碎，用細濾網過濾。如此一來，濃湯的滑順才能襯托炸蝦的酥脆。

將攪拌器與木匙與鍋鏟放在手邊，因為你等等要準備濃湯的基底（奶油炒麵糊與白醬）時，會替使用這兩種工具。

在尚未冷卻的湯鍋以中大火加熱奶油，直到奶油冒泡後軟化。將麵粉撒在奶油上，用攪拌器拌勻。烹煮2分鐘，換用木匙或鍋鏟持續攪拌──目標是驅離生麵粉的味道，但不能讓麵粉燒焦或沾鍋。緩緩倒入剛才保留的海鮮高湯，邊倒邊攪拌，直到完全混融，中大火煮至沸騰使湯變得濃稠，並換用木匙經常攪拌。確保鍋底完全沒有奶油或麵粉糊沾黏，讓麵粉糊完全融入高湯。湯汁沸騰並濃稠到黏在木匙背面時，倒入大蝦泥並充分攪拌，接著拌入高脂鮮奶油。試吃後用鹽、胡椒與檸檬汁調味。用炸蝦天婦羅或鮮蝦沙拉裝飾。

6人份

TEMPURA SHRIMP

炸蝦天婦羅

2杯花生油

1/4杯中筋麵粉

1/4杯玉米粉

6尾大蝦，做鮮蝦濃湯時保留的

1顆雞蛋，打勻後用小碗盛裝

1/2杯麵包粉，用盤子或淺碗盛裝

適量的鹽

特殊用具

油炸用溫度計

墊了報紙的盤子

炸完之後，趁炸蝦又熱又酥時上菜。

在中型深煮鍋中，將花生油加熱至375°F（約190℃），用油炸用溫度計監測油溫。將墊了報紙的盤子與大漏勺或鐵夾放在手邊。在大淺碗中，將麵粉與玉米粉拌勻，每尾大蝦裹粉後拍掉多餘的粉末。大蝦浸入蛋汁後，裹一層麵包粉。將蝦子浸入熱油，炸至呈金褐色，約2到3分鐘。移出油鍋後暫時放在墊了報紙的盤子上，讓報紙將多餘的油吸乾。用鹽調味。每碗湯用1尾炸蝦裝飾後，立即上菜。

6尾炸蝦

鮮蝦沙拉

6尾大蝦，做鮮蝦濃湯時保留的

2小匙頂級特級冷壓橄欖油

2小匙現榨檸檬汁

1小匙切成細丁的紅蔥

1小匙切成細丁的蝦夷蔥

適量的鹽與現磨黑胡椒

將蝦子放入小鍋，用冷水淹蓋。加熱至即將沸騰，煮到蝦子剛好全熟，約3分鐘。將蝦子倒入濾盆瀝乾，隨後切丁，放入小攪拌碗。放入橄欖油、檸檬汁、紅蔥與蝦夷蔥，翻拌後用鹽與胡椒調味。將少許鮮蝦沙拉放在鮮蝦濃湯上，然後上菜。

約2/3杯

WHITE GAZPACHO

西班牙蔬菜冷湯

傳統西班牙冷湯的優劣往往取決於番茄，必須用完美（或至少非常好、非常熟）的番茄才行，但在美國東北部只有八月底到九月初，約四到六週的時間，才買得到這種等級的番茄。一年之中剩下的時間，尤其是六、七月又熱又潮溼的時節，我們可以用這種不加番茄的蔬菜冷湯替代。這裡記錄西班牙蔬菜冷湯的主要食材（麵包、水、堅果、蒜頭與油），通常在任何時節、任何地區都買得到。

一

將麵包丁塊（2.5公分）放入中型攪拌碗，用冷水淹蓋。靜置5分鐘，取出麵包丁後將水擠出並倒掉。將麵包放入食物調理機。

放入碎杏仁、蒜頭與冰水，用2小匙鹽調味。攪切成類似乳脂的糊狀，必要時暫停，用塑膠鍋鏟將調理機邊緣的食材刮下來。攪切的過程中，淋下1/3杯橄欖油，繼續調理到食材乳化。

將糊狀食材移至乾淨的攪拌碗，攪入雪莉醋。試吃後，依個人喜好用鹽調味。覆蓋攪拌碗，冷藏至少1小時。

準備上菜前再做油炸麵包丁。在小型平底鍋（鑄鐵為佳）中，中火加熱剩下的1/3杯油。用1塊麵包小丁塊（0.5公分）測試油溫：將麵包小丁塊放入熱油，若油溫夠高，麵包應立即發出嘶嘶聲。油溫夠高時放入麵包小丁塊，油炸約1分鐘，直到麵包呈金褐色。若鍋內空間不足可分批油炸，油炸的過程中用木匙、金屬匙或鍋鏟攪拌一、兩次。用大漏勺撈出炸完的麵包小丁塊，放在墊了報紙的烤盤上瀝乾。稍微撒鹽調味。

每碗湯用油炸麵包丁裝飾，也可使用下述任一或所有裝飾物：烘烤過的杏仁片、葡萄片、炸酸豆與淋在表面的橄欖油。

6到8人份

5或6片（2.5公分厚）非當天出爐的鄉村麵包，切除麵包皮之後切成2.5公分丁塊（約3杯）

1 1/4杯烘過的杏仁薄片，磨碎

2瓣非常新鮮的蒜頭（拜託別用太軟、長斑或冒芽的蒜頭），剝皮後切碎

1 3/4杯冰水（可以用礦泉水，也可以用過濾的自來水，只要是冰水就行）

2小匙猶太鹽，可按口味加量

2/3杯頂級西班牙橄欖油，喜歡的話可以多用一些橄欖油做裝飾

2大匙頂級雪莉醋，可按口味加量

1或2片（2.5公分厚）非當天出爐的鄉村麵包，切除麵包皮之後切成0.5公分小丁塊（約1/2杯）

1/4杯烘過的杏仁薄片，稍微烤過，裝飾用（非必要）

1/2杯漂亮的綠食用葡萄，切薄片，裝飾用（非必要）

2大匙炸酸豆，裝飾用（非必要）

特殊用具

食物調理機或攪拌機

墊了報紙的烤盤或盤子

[5]
SANDWICHES
三明治

三明治是美好的東西——它是近代最偉大的創新之一，從餐盤、餐桌、刀叉的暴政中解放了我們。兩片麵包之間，存在近乎無盡美味的可能性。

但無論它多好吃、多荒唐，有多少湯汁、有多少特殊風味，無論它塞了多少肉，說到底三明治仍是遞送餡料的系統。三明治的存在意義與漢堡相差無幾，就是在沒有餐具的情況下，將蛋白質或其他營養送進你的嘴。結構、口感和比例是三明治成敗的關鍵因素，價值不下於食材的滋味。

你可以用最高級的雞肝餡，但如果夾著雞肝餡的黑麥麵包散落一地，那你還不如用他媽的餵豬飼料槽吃你的雞肝。如果你去熟食店點一份某名人掛名的三明治，結果餡料多到你根本不可能把三明治塞進嘴巴，不可能每一口都嚐到每一層食材，那就是失敗的三明治。你點的「霍伊·曼德爾（Howie Mandel）」三明治也許看起來像美味巨塔：一堆搖搖欲墜的醃燻牛肉、鹹牛肉、牛腩、捲心菜沙拉、俄式沙拉醬與豆芽——但如果你咬一口，一半的餡料就像成人片的結局一樣噴得滿桌都是，那又有什麼意思？

因此，我在此宣布，人人喜愛的美式經典——總匯三明治——是美國的全民公敵。這項餐點完美含括「糟糕三明治理論」的所有元素。

總匯三明治到底是誰發明的啊？一定是美國的敵人。這種三明治比蓋達組織更早出現，但它完全符合蓋達的宗旨：毀滅美國。執行方法：吸走美國人民的生存意志。具體行動：一次又一次地破壞大家的午餐。

說不定是納粹發明的。他們不是還發明了美沙酮什麼的嗎？還有麻黃也是他們

發明的對不對？總匯三明治比那些邪惡幾百倍。

你可能會問，它到底哪裡不好了？

火雞或雞胸肉、酥脆的培根、萵苣葉和番茄夾在三明治中間，難道錯了嗎？（是的，加一顆炒蛋肯定更好吃。）一個夾了這麼多可愛餡料的三明治，怎麼可能是邪惡的存在？

它到底哪裡不好了？就讓我來告訴你。

問題出在第三片麵包上。它在那裡幹嘛？在三明治元素之中，它根本是畫蛇添足，只能毫無用處地默默潛伏在還不錯的三明治中間……伺機而動。

打從一開始，總匯三明治的概念就大錯特錯。這種三明治是為了擺盤好看而設計的──你得插上特長的漂亮牙籤，然後切成四份。它的設計理念以視覺為主，至於食用的便利性，基本上可以去死一死。為什麼我這麼說？因為你一口咬在那個混蛋上，牙齒將上下兩層麵包壓扁，中間的肉、萵苣、番茄和那該死的第三片麵包都被擠在一起，然後整個三明治像是正在倒塌的建築物一樣，任何柔軟的食材都會被壓爛。滑溜溜的番茄不受俄式沙拉醬或美乃滋拘束，和培根一起悄悄溜走，你手上只剩溼答答的火雞肉三明治、厚得不成比例的上層麵包，還有滿盤子破碎的美夢。

第三片麵包之所以夾在三明治中間，是為了**好看**。他們才不關心你。但我很在乎你，所以，拜託，**繼續做總匯三明治，但絕對不要夾第三片麵包。**

SAUSAGE AND PEPPER HERO

香腸彩椒英雄三明治

多年來，我克服了內心的小惡魔和弱點，還有可稱為「罪惡的快樂」的壞習慣。但有一種近乎強迫症的壞毛病，我到現在還改不過來。每當紐約出現街頭嘉年華的日子，我都會看見同一群令人厭倦的攤販出來擺攤：兜售不新鮮乾燥香料的傢伙、穿復古條紋襪的傢伙、漏斗餅先生等等。我痛恨這一切——除了賣香腸甜椒三明治的那位。他們帶著不怎麼好吃的義式辣香腸、甜香腸過來擺攤，儲藏溫度和烹煮溫度多半未達紐約州衛生署的標準。他們把香腸在髒兮兮的煎餅用淺鍋裡壓碎後，和一些微焦的洋蔥與甜椒一起放上溼軟的英雄三明治麵包。整個三明治油膩、溼軟又亂七八糟，通常還沒碰到我的嘴巴就在手中解體了。而且吃完一個小時內，我一定拉肚子拉個沒完。

聞到香味的那瞬間，我就知道吃下去的後果，但還是無法克制自己。我完全明白等會腸胃將飽受煎熬，身體卻像殭屍似的，以夢遊狀態開開心心地走向恐怖的美食，自願投入命運的懷抱。

希望你在自家（理論上更衛生的）廚房裡做這份三明治時，能免去在大街上便溺的代價。

—

4節義式甜香腸

4節義式辣香腸

2大匙特級冷壓橄欖油

1大顆紅椒，挖去果核、種子，切薄片

1大顆青椒，挖去果核、種子，切薄片

1大顆黃洋蔥，剝皮後切薄片

適量的鹽與現磨黑胡椒

4條義式英雄三明治麵包，切片

大火加熱大型煎餅用淺鍋或鑄鐵平底煎鍋，然後放入香腸，必要時可分批。煮到每一面都呈褐色，且腸衣稍微裂開，接著用鐵夾移至大盤子或烤盤。

將橄欖油倒入淺鍋或平底煎鍋，讓油升溫，然後放入青椒、紅椒與洋蔥。用鹽與胡椒調味，煮到微焦且變軟，邊緣呈漂亮的褐色，約10分鐘。用鍋鏟經常翻炒，必要時用鍋鏟壓平食材。

烹煮蔬菜類的同時，將香腸切成2.5公分塊狀。蔬菜類炒熟後，與香腸一起放到一旁，將英雄三明治麵包攤開放在油膩的熱鍋上短暫加熱。將彩椒、洋蔥與香腸塊夾入麵包，確保甜香腸與辣香腸均勻分布，然後立即上菜。

4人份

MEATBALL PARM HERO

帕馬森肉丸英雄三明治

又是一道我無法抗拒的美式義大利經典料理。肉丸中的牛肉能維持結構，小牛肉能保持肉丸鮮嫩，而豬肉能使肉丸肥美多汁。記得要將洋蔥切得非常細碎，攪拌食材時手勁別太大。

一

在大型厚底深煎鍋中，用中火加熱3大匙橄欖油。放入洋蔥、蒜頭、奧勒岡草與香芹，充分攪拌，讓熱油包覆食材。用鹽與胡椒調味，中小火到中火煮5分鐘，偶爾攪拌，直到食材變軟且半透明，但尚未變為褐色。關火後將食材移至大攪拌碗，等食材冷卻至室溫。清洗深煎鍋，等等會用來煎肉丸。

將牛肉、小牛肉與豬肉放入攪拌碗，再放入麵包粉與蛋汁，用鹽與胡椒調味，然後用手充分攪拌。將肉泥分成25到30顆的5公分丸子，每做完一顆就放上烤盤。用保鮮膜將烤盤包好，冷藏15到60分鐘。

將烤箱預熱至400°F（約205℃），從冰箱取出生肉丸。

在深煎鍋中，用中大火加熱1/4杯橄欖油，分批將肉丸放入油中，每一面都燙過。小心用鍋鏟與鐵夾將肉丸翻面，必要時加更多橄欖油，以免沾鍋。將煮熟的肉丸移至烤肉盤。

所有的肉丸都放入烤肉盤後，倒入乾白酒與1杯番茄調醬，讓液體淹過每一顆肉丸的一半。將烤肉盤放入烤箱，烤25到30分鐘，直到肉丸熟透但仍然多汁（用料理用溫度計測

2大匙再加上1/2杯特級冷壓橄欖油

1顆中等大小的黃洋蔥或白洋蔥，剝皮後切小丁塊（約2杯）

4到6瓣蒜頭，剝皮後切碎

6枝新鮮奧勒岡草，只保留葉片，切碎

10到12枝新鮮義大利香芹，只保留葉片，切碎

適量的鹽與現磨黑胡椒

450公克牛肩胛絞肉

450公克小牛絞肉

450公克豬絞肉

1杯麵包粉

2大顆雞蛋，稍微打散

1 1/2杯乾白酒

1公斤番茄調醬（請見第283頁）

4條有芝麻的義式粗粒小麥粉英雄三明治麵包，沿長邊對切，再沿短邊對切

225公克新鮮莫札瑞拉起司，切片

112公克帕馬森起司，刨碎

特殊用具

短邊烤肉盤，需容納25到30顆肉丸（27.5乘35公分，或類似尺寸）

料理用溫度計

量的話，肉丸的內部溫度應該高達150°F（約65℃）。

烤肉丸的同時，在小型厚底燉鍋中溫和地加熱剩下的番茄調醬。偶爾攪拌，以免沾鍋。

從烤箱取出肉丸，將烤箱設定為「炙烤」模式。

將英雄三明治麵包排在乾淨烤盤上，每份下半片麵包上放3顆肉丸。在每一組肉丸上塗幾大匙番茄調醬，鋪上一片莫札瑞拉起司，再撒上厚厚的帕馬森起司。將三明治放入烤箱，炙烤約2分鐘，直到莫札瑞拉呈淺褐色並開始冒泡。將上半片麵包放在三明治上，立即上菜。

8人份

BODEGA SANDWICH

雜貨店三明治

6片培根

2條凱薩麵包，切成三明治形狀

4大顆雞蛋

適量的鹽與現磨黑胡椒

4片美國起司或瑞士起司

特殊用具

墊了報紙的盤子

醃燻牛肉什麼的，還是早早忘了吧。紐約市最具代表性的三明治是培根、蛋、起司與凱薩麵包——三明治在煎餅用淺鍋上烹煮，將它遞給你的人會稱你為「爸鼻」（papi）或「媽咪」（mami）。

紐約市早晨的語言是西班牙語（更確切地說，是西語式英文），在雜貨店（譯註：bodega，紐約市常見的雜貨店，多由西語裔美國人經營。）排隊買早餐的人，就算不會講西班牙語，也會努力說個兩句。這是非星巴克早餐的最後一座堡壘——也許可能是紐約最後一個聚集工人、警衛、避險基金投資者、黑人、白人、亞洲人與拉丁美洲人的場所。這些人齊聚一堂，有一個共同目標：美味的雜貨店三明治。

—

用大火加熱大型厚平底煎鍋或鑄鐵煎餅用淺鍋，放入培根，煎至培根呈金褐色且酥脆，必要時調整火力，別讓培根燒焦。假如燒焦，直接重來。（你也可以用烤箱烘烤培根，請見第26頁。）用鍋鏟或鐵夾，將培根移至墊了報紙的盤子。打開凱薩麵包，面朝下放在煎餅用淺鍋上2分鐘，讓麵包加溫並吸取培根的部分油脂。取出麵包，每個麵包夾3片培根。

將雞蛋打入中型攪拌碗，用鹽與胡椒調味，充分打散。你現在不是做炒蛋，是在做類似歐姆蛋的東西，所以盡量別留下不均勻的塊狀。在熱培根油中煎蛋，直到蛋熟透。將起司鋪平在蛋上，煮至稍微融化。將蛋移出熱鍋，平均分配給每份三明治，必要時可摺或切。將三明治蓋好，必要時用鋁箔紙包裝以便攜帶，搭配難喝的咖啡上菜。

2人份

CHOPPED LIVER ON RYE

雞肝黑麥三明治

在我看來，Barney Greengrass餐廳紐約分店做的碎雞肝最好吃。如果你沒辦法大老遠跑去紐約吃雞肝三明治，那就依照下面的食譜自己動手做吧。有些人會將碎雞肝和一堆火雞肉、萵苣與番茄混在一起吃，但這太不應該了。我認為碎雞肝不需要任何多餘的點綴，只要兩片黑麥麵包（而且不必烤過）就夠了。

聽好了：你很可能在第一次做的時候會失敗。雞油的用法、粒狀與泥狀的細微差異，都是需要實驗過才能掌握的——但成果絕對值得你下工夫嘗試。

—

將雞蛋放入小型厚平底深鍋，用冷水淹蓋。快速將水煮沸，水沸騰後關火，蓋鍋，靜置9分鐘（用計時器）。取出雞蛋，將雞蛋放入冰水浴冷卻。

在大型厚底深煎鍋中，用中大火加熱1到2大匙雞油。放入洋蔥，充分攪拌，讓雞油包覆洋蔥塊。撒鹽，幫助洋蔥出汁。用中火煮約15分鐘，不時攪拌，直到洋蔥呈深褐色且味道變甜。比起做焦糖洋蔥，你可以加快速度，但小心別讓洋蔥變黑。煮好後，將洋蔥移至中型攪拌碗。

4大顆雞蛋

1杯雞油

2大顆或3顆中等大小的白洋蔥或黃洋蔥，剝皮後大致切塊

適量的鹽

1公斤雞肝，切除結締組織與脂肪

適量的現磨黑胡椒

8到12片撒籽黑麥麵包

特殊用具

冰水浴（裝滿冰塊與冰水的中碗）

食物調理機（非必要）

將洋蔥鍋擦乾淨，用中大火再加熱1或2大匙雞油。放入雞肝，必要時分批，因為你的目標是將雞肝燙成漂亮的深褐色，假如雞肝太多，它們只會在鍋裡滲汁，可悲地冒泡。將雞肝煎到每一面都呈褐色，這時熟度應該是五分熟──沒有熟透，但也不會是軟嫩的粉紅色。將雞肝起鍋，用相同的方式將剩下的雞肝煎至五分熟，必要時再添加1大匙雞油。將雞肝移至盛裝洋蔥的攪拌碗。

從冰水浴取出全熟水煮蛋，剝殼後大致切塊，接著移至盛裝雞肝與洋蔥的攪拌碗，溫和地翻拌。如果你選擇使用食物調理機，將混合食材放入調理機，淋上約1/4杯雞油，間歇攪切。你的目標是讓食材混合均勻，但維持部分塊狀。混合食材過於濃稠時，可加入更多雞油。你也能用刀將食材切碎，如果你家裡有的話，也可以用半月型香料刀（mezzaluna）。試吃後，用鹽與胡椒調味。

如果你希望碎雞肝更入味，可以將混合的食材冷藏數小時，讓洋蔥濃烈的味道滲入其他食材。上菜前將碎雞肝從冰箱取出，靜置約15分鐘，讓它軟化並稍稍鬆弛。用黑麵包夾碎雞肝，依個人喜好調整三明治的厚度。可以的話，搭配Dr. Brown's芹菜汽水上菜。

4到6人份

ROAST BEEF PO' BOY

窮小子烤牛肉三明治

只有在紐奧良你才能吃到最正統的窮小子三明治，但只要照著這份食譜做，你也能做出非常相近的三明治。最最最重要的元素是麵包：如果你不住紐奧良，附近也沒有專門做窮小子麵包的紐奧良烘焙坊，那就買那種鬆鬆軟軟、沒有內餡、沒有營養、像是漂白過的「法國麵包」。這東西是法式長棍麵包的近親，只不過是毫無文化素養的美國版：它在工業化廚房裡出爐，用長條白紙袋包裝後賣到各地的社區超市。

一

將烤箱預熱至325℉（約160℃）。

在小攪拌碗中，攪勻1/4杯麵粉和足以充分調味整塊牛排的鹽與胡椒。將臀肉牛排放在烤盤上，然後將攪勻的麵粉撒在牛排上。

在有蓋平底鍋中，用中大火加熱2大匙菜籽油，用熱油燙過牛排每一面，直到牛排呈金褐色。將牛排暫放在盤子上。將洋蔥、芹菜、青椒與蒜頭放入有蓋平底鍋，用鹽與胡椒調味，然後用木匙刮掉鍋底微焦的牛肉汁與麵粉塊。煮到蔬菜類微微變軟，3到5分鐘後起鍋，和牛排一起放在一旁。

將剩下的2大匙菜籽油倒入鍋裡，足夠熱後放入剩下的2大匙麵粉，不斷攪拌並刮除沾黏在鍋面的麵粉，以免燒焦或沾鍋。煮約2分鐘，然後將牛排與蔬菜放入有蓋平底鍋，再放入乾月桂

1/4杯加2大匙中筋麵粉

適量的鹽與現磨黑胡椒

1塊臀肉牛排（約2.5公斤）

4大匙菜籽油

3到5顆黃洋蔥，剝皮後大致切塊

1根芹菜，大致切塊

1/2顆中等大小的青椒，挖去果核與種子，大致切塊

6瓣蒜頭，剝皮後大致切塊

2片乾月桂葉

1公升深色萬用高湯（請見第274頁）

2條紐奧良法國麵包，買Gendusa's、Leidenheimer或Dong Fong烘焙坊的麵包，或可以接受的替代品（請見左側說明），切成15公分長條

稍少於1杯的自製美乃滋（請見第286頁）或現成美乃滋，Blue Plate牌為佳

1顆捲心萵苣，洗滌後去核，切碎

2或3顆成熟羅馬番茄，切薄片

蒔蘿醃黃瓜薄片，瀝乾（非必要）

葉與足以淹蓋牛排的高湯。蓋鍋後放入烤箱烤2小時。開鍋檢查，必要時倒入更多湯或水，使牛排大部分浸在湯裡。再烤1或2小時，直到能輕易用叉子將肉撕碎。從烤箱取出有蓋平底鍋，靜置冷卻30分鐘，然後將牛肉移至有蓋的容器密封，冷藏至少8小時或隔夜冷藏。

與此同時，用濾盆過濾鍋中的湯汁，盡量擠出食材的汁液，可以的話將食材搗碎後通過濾網。蓋鍋，隔夜冷藏肉汁。

隔天，盡量將牛肉切成薄片。移除並丟棄肉汁表面的脂肪，用中型厚平底深鍋溫和加熱肉汁，試吃後視情況用鹽與胡椒調味。將份量足以做三明治的肉放入溫肉汁，繼續溫和地加熱牛肉。

稍微烤過麵包片，每片麵包內側塗上美乃滋，再撒少許鹽與胡椒調味。將牛肉、肉汁、萵苣、番茄分層放上三明治，有蒔蘿醃黃瓜的話也放入。搭配冰Barq's沙士或Dixie啤酒上菜。

4人份，還會剩下很多牛肉

OYSTER PO' BOY

窮小子牡蠣三明治

在中型攪拌碗中，將白脫牛奶與路易斯安那辣醬攪勻。放入去殼的牡蠣後溫和翻拌，確保所有的牡蠣都浸在液面下，隨後冷藏30分鐘。

在鍋中將花生油加熱至350℉（約180℃），用油炸用溫度計測量油溫。

在另一個中型攪拌碗中，將麵粉與玉米粉混勻，然後用胡椒調味。在烤盤上放置冷卻架，開始炸牡蠣時，確保烤盤就在手邊。

分批從白脫牛奶中取出牡蠣，沾過混合的麵粉與玉米粉，然後小心放入熱油。炸至牡蠣呈金褐色且外皮酥脆，一塊約3分鐘。用大漏勺或鐵夾取出牡蠣，移至冷卻架，用鹽調味。用相同的方式將所有牡蠣炸熟。

稍微烤過麵包片，每片麵包內側塗上美乃滋，再撒少許鹽與胡椒調味。將炸牡蠣、萵苣、番茄分層放上三明治，有蒔蘿醃黃瓜的話也放入。搭配冰Barq's沙士或Dixie啤酒上菜。

4人份

2杯白脫牛奶（buttermilk）

1/2杯路易斯安那辣醬

4打牡蠣，去殼

2杯花生油，油炸用

1杯中筋麵粉

1杯黃色細玉米粉

適量的現磨黑胡椒

鹽

2條紐奧良法國麵包，買Gendusa's、Leidenheimer或Dong Fong烘焙坊的麵包，或可以接受的替代品（請見第95頁說明），切成15公分長條

稍少於1杯的自製美乃滋（請見第286頁）或現成美乃滋，Blue Plate牌為佳

1顆捲心萵苣，洗滌後去核，切碎

2或3顆成熟羅馬番茄，切薄片

蒔蘿醃黃瓜薄片，瀝乾（非必要）

特殊用具

油炸用溫度計或煮糖溫度計

墊了報紙的烤盤

NEW ENGLAND-STYLE LOBSTER ROLL

新英格蘭龍蝦三明治

說到龍蝦三明治，有些人愛配融化的奶油，有些人堅持用美乃滋。在這裡，我們用美乃滋來做龍蝦沙拉，煎麵包之前塗奶油（麵包一定要用預先切開的長熱狗麵包）。至於龍蝦肉，一位明智的老闆可能只會用螯關節的肉做三明治，精華部位留著做更貴的料理。這不只是價錢問題，還有品質上的考量——只用螯關節肉做的龍蝦三明治可能更好吃。但除非你打算吃龍蝦大餐，弄出一堆螯關節肉留著隔天做三明治，你還是直接把螯和尾部的肉拿去用吧。

一

在容量15到20公升的大鍋中倒入5到7.5公分高的水，加入一大匙鹽，將蒸架擺在鍋中，然後將水煮沸。分批蓋鍋蒸煮龍蝦，一次2或3尾，煮12到15分鐘。蒸到一半時，小心用鐵夾挪動龍蝦，達到均勻加熱的效果。取出蒸熟的龍蝦，繼續將所有龍蝦煮熟。

當龍蝦冷卻至不燙手的溫度時，將蝦肉從蝦殼內取出。用抹布包裹螯部，用刀柄敲打。同樣用抹布包裹尾部，用手將它扳斷，然後用菜刀或廚房剪刀從龍蝦腹部沿長邊切開，取出龍蝦肉。用菜刀或肉槌輕敲螯關節，盡量取出裡面的肉。將龍蝦肉切成適口的大小，再移至大攪拌碗。

拌入美乃滋，美乃滋應包覆龍蝦肉，但不能多到搶了龍蝦的鋒頭。接著放入芹菜、龍蒿與檸檬汁，用鹽與胡椒調味。冷藏混合食材，直到做三明治之時從冰箱取出。

1大匙鹽，可按口味加量

6尾龍蝦（每尾675到900公克）

約1杯自製美乃滋（請見第286頁）或現成美乃滋

1根芹菜，切小丁塊

2枝新鮮龍蒿，只保留葉片，大致切碎

1到2小匙現榨檸檬汁，或按口味添加適量的現磨黑胡椒

4大匙（1/2條）無鹽奶油，加溫軟化

6條熱狗麵包

芹菜籽，裝飾用

用中大火加熱煎餅用淺鍋、熱壓淺鍋或鑄鐵平底煎鍋，同時將1/2
大匙的奶油塗在熱狗麵包內側，將剩下的奶油放入淺鍋或煎鍋加
熱融化。將熱狗麵包放入淺鍋，塗奶油的內側朝下，中火煎至金
褐色。必要時可分批。

取出加熱過的麵包，放入大量龍蝦肉，用芹菜籽裝飾，最後搭配
冰Narragansett啤酒上菜。

6人份

GRILLED CHEESE SANDWICHES WITH CARAMELIZED ONIONS

焦糖洋蔥焗烤三明治

天才廚師嘉碧爾・漢彌頓（Gabrielle Hamilton）做熱烤三明治時會在麵包外側塗美乃滋，很多餐廳裡的廚師都會這麼做，你也該學學他們。美乃滋不像奶油那麼快變成褐色，所以麵包放入鍋子後不必一直盯著，起鍋時表皮會呈現漂亮、均勻的金黃色。如果家裡剛好有自製美乃滋可以拿來用，否則可以直接用市面上的美乃滋，不必特地自己做。

—

大型厚底深煎鍋中，用中小火加熱2大匙奶油，然後放入洋蔥。稍微加鹽調味，用木匙或鍋鏟翻炒，讓奶油均勻分布，並分離洋蔥薄片。中小火煮25到30分鐘，偶爾攪拌，直到洋蔥焦糖化。不可因太過心急，而將火力調高。洋蔥焦糖化之後關火，等稍微冷卻後切碎，等下才方便夾在三明治裡。

用奶油刀在每一片麵包的其中一面均勻地塗美乃滋。在中型鑄鐵平底煎鍋或不沾鍋深煎鍋中，用中大火加熱1/2大匙奶油，直到奶油冒泡並軟化。將一片麵包放入熱鍋，塗美乃滋那側朝下，然後在麵包上均勻鋪一層碎起司，接著將焦糖洋蔥撒在起司上，最後放上第二片麵包（塗美乃滋那側朝上）。煎2到4分鐘後，用鍋鏟將三明治翻面，在鍋中加1/2大匙奶油。繼續煎3分鐘，然後取出三明治，用同樣方法處理剩下的奶油、麵包、美乃滋、起司與洋蔥。三明治斜切後立即上菜。

4人份

6大匙（3/4條）無鹽奶油

4大顆白洋蔥或黃洋蔥，剝皮後切薄片

適量的鹽

8片日式牛奶麵包（一種鬆軟、偏甜的麵包，由全脂牛奶、糖與奶油經酵母菌發酵製成，在亞洲市場買得到；可用一般的三明治白麵包替代）

6到8大匙自製美乃滋（請見第286頁）或現成美乃滋

170到225公克頂級熟成切達起司，刨碎

PAN BAGNAT

普羅旺斯三明治

這份美味的普羅旺斯料理，曾使「中央市場」（Les Halles）餐廳的工作人員頭痛不已，而現在它成了野餐或海邊郊遊的最佳餐點。在這裡我會用布里歐麵包，因為它能夾住壓扁的餡料；真的不得已，可以用拖鞋麵包或佛卡夏替代。

—

將香芹、鯷魚、酸豆與鮪魚放入中型攪拌碗拌勻，然後倒入足量的橄欖油，使混合食材充分浸潤。試吃後，視情況用檸檬汁、鹽與黑胡椒調味。

用奶油刀或小鍋鏟在麵包內側塗橄欖醬，放上一層鮪魚，最後放上切片水煮蛋與番茄。將三明治擺在墊鋁箔、塑膠或烤盤紙的烤盤上，彼此距離不要太遠，將另一張烤盤壓在三明治上。用足以將三明治壓扁的力道下壓，但別擠出餡料。在上層烤盤上放磚塊，持續下壓至少30分鐘再食用。

4到8人份

1/4杯大致切碎的新鮮義大利香芹

12尾鹽漬鯷魚，沖洗後瀝乾，切碎

2大匙酸豆，瀝乾後沖洗，切碎

450公克頂級橄欖油浸罐裝鮪魚，瀝乾，另外保留橄欖油

適量的現榨檸檬汁

適量的鹽與現磨黑胡椒

4個圓形布里歐三明治麵包（每個約112公克）

3/4杯普羅旺斯黑橄欖醬

6顆全熟水煮蛋（請見第91-92頁），剝殼後切薄片

2顆成熟的羅馬番茄，挖去果核後切成極薄的薄片

特殊用具

2張非常乾淨的烤盤，其中1張墊鋁箔、塑膠或烤盤紙

磚塊、重平底煎鍋，或其他重物

MACAU·STYLE PORK CHOP SANDWICH

澳門豬排三明治

4塊無骨豬排或炸肉餅（每塊約170公克）

1/4杯醬油

1/4杯中式米酒

1/4杯黑醋

1大匙麻油

4瓣蒜頭，剝皮後大致切塊

1大匙五香粉

1大匙黑糖，壓成塊狀

1大顆雞蛋

1/2杯中筋麵粉

1 1/2杯麵包粉

適量的鹽與現磨黑胡椒

2杯花生油，油炸用，必要時可加量

8片三明治白麵包

辣椒醬，裝飾用

特殊用具

肉槌或重型麵棍

墊了報紙的烤盤或大淺盤

這份三明治的靈感來源，源自某次去澳門錄製節目時吃的豬排麵包，它大概是這本書上最好吃的料理。當時拍片的過程很辛苦，因為大家一直偷吃樣品。

—

用肉槌將豬排敲成0.5公分的厚度。如果你用的是擀麵棍，記得先用保鮮膜將肉包好再敲（然後考慮去買一支肉槌）。

在小攪拌碗中，將醬油、米酒、醋、麻油、蒜頭、五香粉與糖攪勻。將豬肉放入夾鏈袋或不怕酸的容器，倒入混勻的滷汁，別忘了將豬肉翻面以確保每一面都沾到滷汁。密封夾鏈袋，冷藏至少1小時，最多12小時。

取出豬排後撥掉表面的蒜塊。在淺碗中打蛋，然後將麵粉與麵包粉分別放入不同的淺碗中，用鹽與胡椒給麵粉調味。你可能得將1大匙水加入蛋汁，稍微稀釋以便均勻沾附在肉的表面。

在大型厚平底鍋中，用中大火加熱花生油。

加熱的同時，用麵粉包裹豬排，拍掉多餘的麵粉，再沾蛋汁與麵包粉。

用少許麵包粉測試油溫，如果立即發出嘶嘶聲，就可以小心將豬排滑入熱油，必要時分批，以免油鍋太擁擠致使油溫下降。每面炸約5分鐘，或直到豬排呈金褐色。取出炸熟的豬排，放在墊了報紙的烤盤上瀝乾，然後撒少許的鹽調味。

將麵包烤至金褐色。

拼組三明治，搭配辣椒醬上菜。

4人份

BANH MI

越式法國麵包

越式法國麵包和窮小子三明治一樣，重點是它的麵包。越式長棍麵包看起來像法式長棍麵包，不過它的麵粉混入了米粉，因此更輕、更脆，也更不容易溼軟，非常適合夾豬肉和雞肝餡料。如果你很幸運，家附近有越南烘焙坊（例如紐澳良的Dong Phuong烘焙坊），就去那邊買麵包。如果沒有，就比照窮小子三明治辦理，去比較大的超市買那種鬆鬆軟軟的「義大利」或「法國」麵包。雖然形狀不太對，但比起正統法式長棍麵包，口感更接近越式法國麵包。

你當然可以買肝醬來做三明治，不過自己用新鮮雞肝做香醋雞肝並不難，也不花時間，你可以自己做口味稍淡的版本。

—
用鹽與胡椒充分調味雞肝。用大型厚底深煎鍋加熱2大匙奶油，直到奶油開始冒泡並軟化。放入雞肝，每面煮約3分鐘，直到燙熟。將雞肝移至攪拌機。用酒與醋洗鍋收汁，並用木匙充分攪拌，刮除鍋巴。酒與醋的刺鼻味消散後關火，將湯汁倒入攪拌機，與雞肝一同攪拌，若混合食材太濃稠，可視情況加入菜籽油。將混合食材到入攪拌碗，靜置冷卻，試吃後視情況調味。這樣大約有2杯雞肝醬。

在乾淨攪拌碗中，將剩下的奶油（現在應該是室溫）與美乃滋充分拌勻，然後用奶油刀塗在每條麵包內側，接著在塗上肝醬。放入一層切片午餐肉，再放入越式醃蘿蔔、辣椒片與香菜。淋上少許醬油，立即上菜。

4人份

225公克雞肝，切除結締組織與脂肪
適量的鹽與現磨黑胡椒
5大匙無鹽奶油
1/4杯乾白酒
2大匙紅酒醋
1到2大匙菜籽油，視情況添加
1/2杯自製美乃滋（請見第286頁）或
　　現成美乃滋
4條（18公分）越式長棍麵包，沿長
　　邊切開
1罐（200公克）經典午餐肉，切薄片
2杯越式醃蘿蔔（請見第46頁），充
　　分瀝乾後輕輕拍乾
2條鳥眼辣椒或墨西哥辣椒，切成極
　　薄片
8枝新鮮香菜，只保留葉片，大致切
　　碎
適量的醬油

特殊用具
攪拌機或食物調理機

MORTADELLA AND CHEESE SANDWICH

義式肉腸起司三明治

450公克義式肉腸，切薄片

稍少於1大匙的菜籽油

2條鬆軟酸麵包或凱薩麵包，切成三
　明治樣

4大匙自製美乃滋（請見第286頁）或
　現成美乃滋

2大匙第戎芥末醬

4片波羅伏洛起司

適量的鹽與現磨黑胡椒

我第一次接觸這種怪獸美食，是在巴西聖保羅的Bar do Mané
餐廳——是市政市場裡的餐廳。我發現這種三明治是聖保羅市
不可錯過的美食，造訪這座城市的遊客必須經過它鮮美多汁的
洗禮。它反映了巴西的傲人之處，也展現深受義大利影響的當
地美食文化（或可說是義大利美食的突變版？），義大利絕對
沒有這種食物，但這實在可惜。

—

大火加熱大型煎餅用淺鍋或鑄鐵平底煎鍋。將義式肉腸片分成四堆，
重新分堆時可以摺疊部分肉片，在肉片之間留一些縫隙。在鍋中加熱
菜籽油，直到即將冒煙，然後放入肉堆，必要時分批。用鍋鏟下壓，
讓外層的肉片燙熟，而內層保持鮮嫩多汁。小心翻面，讓兩面都燙
熟。

燒肉的同時，在淺鍋上短暫加熱麵包，然後用奶油刀在每條麵包內側
塗上美乃滋與芥末醬。

肉還未起鍋時，將起司放在肉堆上，加溫30到60秒。每條麵包夾兩堆
肉腸，用鹽與胡椒調味後搭配冰啤酒立即上菜。

2到4人份

[6]
PARTY 101
派對指南

我人生中有一段黑暗時期，當時我用假名從事日夜顛倒的餐飲工作，活在昏暗的薄暮世界中（用假名的原因我不能說，因為我不太清楚某些事件的法律追訴時效）。後來，我在曼哈頓商業區和住宅區之間的大型夜店與宴會場所當廚師。

所以我做過**非常多**派對餐點。多年來，我寫了無數份菜單，做了無數份用手抓著吃的各式小食給數萬根手指（也許有數十萬根）。

我見過不少醜事。

我也學到一件事：某些事實不證自明。

舉例來說，當你舉辦一場雞尾酒會，你知道大部分的賓客會站著吃東西時，代表預計出席的人數會超出你所準備的座位。因此，你得事先制定計畫。

以下是一些基本守則，雖然不是亙古的道理，但舉辦派對時絕對派得上用場：

● 寫菜單時，先問自己幾個問題：「我的客人會需要把盤子放在腿上吃東西嗎？他們會不會用到刀叉？」如果答案是肯定的，請重寫菜單。否則你將面對灑得到處都是的食物、尷尬的對話，還有恐怖的事後清潔。

● 我的客人有沒有辦法完整地拿起食物？換言之，開胃小菜的結構夠不夠完整，會不會在客人拿起來的時候散在他們（也許）名貴的衣服上？

● 口紅塗得漂漂亮亮的女性，有沒有辦法在不破壞口紅的情況下，將食物放進

嘴裡？你準備的食物會不會強迫她們張大嘴巴或鼓起臉頰，令她們覺得自己吃相太難看？

● 理想的情況下，派對結束後你的客人會做愛——最理想的情況下，做愛的對象是你——但就算不是你，你也得為他們著想。你準備的開胃小菜有沒有「後遺症」？建議別用太多蒜、生洋蔥、鹹漬魚或榴槤。你也得考慮一下，你準備的開胃小菜容不容易塞牙縫。

● 食物夠大家吃嗎？如果等下還有晚餐，那每位客人估計會吃3到4份開胃菜。如果開胃菜就是晚餐，那就依客人的食量準備食物，每位客人可能會吃6到10份開胃菜。

說了這麼多，我從事餐飲業這麼多年、準備過這麼多場派對的食物，學到最重要、最無奈的教訓：無論你準備什麼食物，無論你擺得多美、裝飾得多特別、口味多新奇、食材多昂貴（我不管你拿出來的是整桶鱘魚魚子醬、還在冒蒸氣的俄式蕎麥鬆餅，或嬰兒手臂那麼大的巨無霸蝦子），每次大家最想吃、一窩蜂搶食的，永遠是市面上賣的那該死的冷凍熱狗捲。客人是誰都不重要，他們一定會吃，他們肯定愛死那他媽的熱狗捲。他們也許會擺出不情不願的態度，也許會直接表現出心底的熱情，但無論如何，他們肯定會愛那盤熱狗捲。所以結論是：**永遠記得買些熱狗捲，冰在冷凍庫**。這些熱狗捲是雞尾酒會的主力。限量的蟹肉餅太受客人歡迎嗎？怕蟹肉餅被吃光光？沒問題，送上一盤熱狗捲，客人包準滿意。松露肉汁雲雀舌被搶食一空了嗎？只要送上這些熱狗捲，絕對不會有人有意見。他們還會覺得你是超級天才。

BAGNA CAUDA WITH CRUDITÉS

香蒜鯷魚熱沾醬與法式蔬菜沙拉

225公克鹽漬鯷魚

1公升高脂鮮奶油

16瓣蒜頭，剝皮後壓碎

1/2杯頂級特級冷壓橄欖油

8大匙（1條）無鹽奶油

適量的鹽與現磨黑胡椒

3顆中或大的紅椒、黃甜椒或橘甜
　椒，挖去果核與種子，切成薄長條

20根帶葉小紅蘿蔔（不要買那種裝
　在塑膠袋裡、水水的，而且看起來
　像腫脹小指頭的小紅蘿蔔塊），削
　皮，可視情況修剪

20根早餐蘿蔔，修剪後沿長邊對切

2顆苦苣，清洗後備用

1條法式長棍麵包，切薄片

特殊用具

攪拌機或手持式攪拌器

我以前每次煮這個都是一整桶，沒有比它更厲害的東西
了──生菜或麵包沾上濃稠、溫熱、帶有蒜香的沾醬，還
有什麼比這更棒的？而且這道料理簡單得要命。

蔬菜沙拉的部分，請選擇品質好的蔬菜。確認每一片菜葉
都非常乾淨，表面上不能有水珠；葉緣有一丁點發黑、乾
枯都不行，任何有損蔬菜沙拉名譽的缺點都不許出現在你
的生菜上。

－

將鯷魚放入小碗，用冷水淹蓋，浸泡10分鐘。瀝乾、沖洗後輕輕
拍乾，放在一旁。

在中型燉鍋中，將高脂鮮奶油與蒜頭拌炒在一起，煮至沸騰，偶
爾攪拌並時時注意鍋裡的狀況，以免溢鍋。降溫至即將沸騰的溫
度，燉煮至一半的高脂鮮奶油蒸發且蒜香濃厚，約20到25分鐘。

與此同時，將橄欖油與奶油放入小燉鍋，煮至即將沸騰的溫度。
用木匙充分攪拌，放入浸泡過的鯷魚，繼續燉煮直到鯷魚完全融
入熱油，約30分鐘。

將混合的高脂鮮奶油與蒜頭放入攪拌機，再放入混合的橄欖油、
奶油與鯷魚，打成泥狀。試吃後，依個人喜好用鹽與胡椒調味。

趁香蒜鯷魚沾醬溫熱時上菜，可依個人喜好使用起司火鍋的鍋子
盛裝，生菜則放在鍋旁。食用時，麵包片應墊在生菜下吸收多餘
的汁液，最後多沾幾次醬就會變成好吃的小點心。

1公升，約25人份

DEVILED EGGS with VARIATIONS

多變的惡魔蛋

我是「蛋的奴隸」。我喜歡吃各式各樣、千奇百怪的惡魔蛋。只要有惡魔蛋，任何派對都會變得更出彩——誰不喜歡惡魔蛋呢？

注意，做惡魔蛋的時候不要買農場賣的新鮮雞蛋。派對用食物的外表非常重要，你不會希望你的惡魔蛋看起來像被小狼獾啃過吧？在大多數超市買到的雞蛋放得比較久，蛋殼與蛋黃之間有一層空氣，到時候比較好剝殼。

—

將雞蛋輕輕放入小型或中型鍋（盡量別讓蛋與蛋之間存在間隙，否則雞蛋碰撞時可能會破裂），裝滿冷水之後快速煮沸。水滾後關火，蓋鍋靜置九分鐘（用計時器）。九分鐘後，小心取出水煮蛋，移至冰水浴冷卻。冷卻後剝殼，每顆水煮蛋沿長邊對切，小心分離蛋黃與蛋白，接著選擇以下一種料理方式準備餡料。可視情況調整雞蛋的數量。

24份惡魔蛋

1打大雞蛋

特殊用具
計時器
冰水浴（裝滿冰塊與冰水的大碗）

FOR CAVIAR EGGS

魚子醬惡魔蛋

1/4杯自製美乃滋（請見第286頁）或現成美乃滋
適量的鹽與現磨黑胡椒
裝飾用：112公克頂級黑鱘魚子醬、2大匙細切新鮮蝦夷蔥

FOR MEDITERRANEAN EGGS

地中海惡魔蛋

2大匙細切醃檸檬

2大匙哈里薩辣醬

1/4杯酸豆，瀝乾後沖洗，切碎

2大匙特級冷壓橄欖油

2大匙自製美乃滋（請見第286頁）或現成美乃滋

適量的鹽（注意：醃檸檬和酸豆都很鹹，所以記得先試吃再加鹽）

裝飾用：碎檸檬皮、細切新鮮香芹、番紅花絲、完整酸豆

FOR ANCHOVY EGGS

鯷魚惡魔蛋

2大匙細切新鮮香芹

3 1/2大匙自製美乃滋（請見第286頁）或現成美乃滋

1大匙第戎芥末醬

1小匙鯷魚醬

適量的鹽與現磨黑胡椒

裝飾用：細切新鮮香芹、沿長邊對切的醋醃鯷魚

FOR HOT AND SPICY DEVILED EGGS

香辣惡魔蛋

1/4杯自製美乃滋（請見第286頁）或現成美乃滋

1大匙辣芥末（中式或德式）

1大匙瓶裝辣醬，可按口味加量

適量的鹽

裝飾用：新鮮香菜葉、細切青蔥（白色與淺綠色部分即可，深綠色部分留著熬湯）、馬爾頓海鹽

METHOD FOR ALL VARIATIONS

各種變化的做法

在碗裡將蛋黃、美乃滋與其他食材攪勻，將混合食材放入接了星形金屬頭的擠花袋，或截了小口的塑膠小袋。將混合食材擠在煮熟的蛋白上，照各食譜所示裝飾惡魔蛋，然後上菜。

BELGIAN ENDIVE WITH CURRIED CHICKEN SALAD

苦苣與咖哩雞沙拉

我知道，我知道，一九七〇年代的開胃小菜重出江湖了。

這又是我當夜貓廚師那陣子常做的經典料理，它好吃，它漂亮，而且簡單到隨便一個毒蟲牛仔都能學會。

一

將雞胸肉放入鍋子，鍋子應有足夠的空間單層平鋪你的雞肉。放入鹽、乾月桂葉、黑胡椒粒與蒜頭，用冷水淹蓋後煮至沸騰，隨時注意鍋子的狀況。水滾後立刻降溫至即將沸騰的溫度，蓋鍋，繼續燉至雞胸肉全熟，約8到10分鐘，或燉至雞肉稍有韌度，料理用溫度計插入最厚的部位時應顯示165℉（約75℃）。

用鐵夾將雞胸肉移至盤子上，冷藏，以免雞肉變得更熟。

雞肉冷卻後切成0.5公分小丁塊，移至攪拌碗。在另一個攪拌碗中，將美乃滋、檸檬汁與咖哩粉混勻，接著拌入紅蔥、薑、核桃與葡萄乾。將此混合食材拌入雞肉丁，然後用鹽與胡椒調味。

將苦苣放在大淺盤上，用超過1大匙的雞胸沙拉蓋過每顆苦苣的底部。用香菜葉與少許綜合水果甜酸醬裝飾後上菜。

40到50份

450公克去骨、去皮雞胸肉

2小匙鹽，可依口味加量

1片乾月桂葉

1小匙黑胡椒粒

2瓣蒜頭，剝皮後用刀面拍扁

1/2杯自製美乃滋（請見第286頁）
　或現成美乃滋

1/2顆檸檬的汁液（約1大匙）

3小匙淡味黃咖哩粉

1顆紅蔥，剝皮後切碎

1/2小匙新鮮的薑，磨碎

1/2杯烤核桃，大致切塊

1/2杯葡萄乾，大致切塊

適量的現磨黑胡椒

3到4顆苦苣，清洗後備用（丟掉
　太小的葉片）

1/4杯新鮮香菜或義大利香芹葉

1到1 1/2杯綜合水果甜酸醬（請見
　第288頁）

特殊用具

料理用溫度計

GAUFRETTE POTATO WITH SMOKED SALMON, CREME FRAÎCHE AND CAVIAR

格狀薯片、燻鮭魚、法式酸奶油與魚子醬

675公克愛達荷馬鈴薯或褐皮馬鈴薯（2大顆）

2到3公升花生油

適量的鹽

450公克切片燻鮭魚

2杯法式酸奶油

225公克頂級魚子醬

特殊用具

油炸鍋或深煮鍋

油炸用溫度計或煮糖溫度計

3張墊了報紙的烤盤

笊籬或大漏勺

有凹槽網花的刨刀

你問，在我的熱門料理之中，有沒有哪道菜比格狀薯片更受歡迎？我的回答是，大概沒有。

它基本上就是他媽的洋芋片——比較漂亮（漂亮太多太多）的洋芋片，而且料理過程也比較好掌握。它是開胃小菜的完美承載物，只要別碰到太溼的食材或太早將食材放上去就好。當然，格狀薯片是炸物，和其他炸物一樣，終究會變得溼軟。

—

中型碗用冷水裝至半滿。馬鈴薯削皮後放入冷水浸泡，以免氧化變色。

在油炸鍋中，將花生油加熱至375℉（約190℃），並用油炸用溫度計監測油溫。如果你用的是深煮鍋，確保花生油不超過鍋深的一半。將墊了報紙的烤盤與笊籬備在油炸鍋旁。

準備好有凹槽網花的刨刀，調整至切薄片的模式。在工作桌上鋪一層擦手紙，或另外準備一張烤盤，手邊放幾張報紙備用。從水中取出1顆馬鈴薯，切除兩端最細的部分，讓整顆馬鈴薯的寬度大致均等。輕輕拍乾馬鈴薯（還有你的手），用刨刀將馬鈴薯切片，每切一刀就將馬鈴薯旋轉90度，刨出格狀薯片最具代表性的網紋。必要時可調整切片的厚薄，馬鈴薯片應薄到網格間出現小洞，像格子鬆餅

一樣，這樣才能炸得又快又均勻。切片的同時，將每一片放在擦手紙上，每切幾片就用更多擦手紙輕輕拍乾。在油炸這方面，水分不僅能奪走酥脆的口感，它甚至能威脅你的安全。

切完一整顆馬鈴薯的薄片並拍乾後，小心將薄片滑入熱油，油炸時間不得超過3分鐘，直到馬鈴薯片呈金褐色。假如薯片互相沾黏，你可能得用鐵夾或筷子將它們小心分開。

將炸好的薯片移至墊了報紙的烤盤上瀝乾，用鹽調味。依照上述方法油炸所有的馬鈴薯薄片。

上菜前，將格狀薯片擺在托盤上，每一片上面放大小剛好的鮭魚片、少許法式酸奶油，以及少許魚子醬。立即上菜。

50份

CHICKEN SATAY WITH FAKE-ASS SPICY PEANUT SAUCE

假掰辣花生醬沙嗲雞肉串

有幾道低俗的派對料理，能使最挑剔、最高貴的賓客都為之瘋狂，其中包括之前提過的熱狗捲、令人成癮的巧克力草莓，還有串燒。將鳳梨稍微修剪一下，在上面插一堆雞肉串，讓這顆鳳梨變成精神錯亂的雞肉豪豬——然後不要客氣，將假掰辣花生醬全部淋上去。

—

在攪拌機中，將植物油、2顆檸檬的汁液、1/4杯魚露、2大匙醬油、檸檬草、紅蔥、3瓣蒜頭、1/4杯紅糖、芫荽與薑黃攪勻。高速攪拌約30分鐘。

將雞肉放入夾鏈袋、大型玻璃砂鍋或有蓋烤盆，倒入滷汁後將雞肉翻面，確保雞肉完全被滷汁包裹。密封後冷藏30分鐘到2小時（若浸泡太久，滷汁中的酸與鹽會開始侵蝕雞肉，到時候做出來的雞肉串會軟爛到令人噁心）。

浸泡雞肉的同時，準備你的花生醬。在攪拌碗中，將花生醬、熱水與椰奶混勻，加入剩下的1顆檸檬或2顆萊姆的汁液、2大匙魚露、1小匙醬油、2大匙紅糖與是拉差香甜辣椒醬後混勻，必要時可加入更多水或椰奶，以免醬料太過濃稠。試吃後，依個人喜好用醬油、魚露、柑橘汁液或紅糖調味。加蓋後冷藏，上菜前30分鐘再取出。

烤雞肉前，用水浸泡竹籤30分鐘。

1/2杯植物油或其他中性油

3顆檸檬的汁液，或2顆檸檬與2顆萊姆的汁液（約6大匙）

1/4杯再加上2大匙魚露

2大匙再加上1小匙醬油

3枝檸檬草，大致切碎，或3顆檸檬或5顆萊姆的皮，磨碎

2顆紅蔥，剝皮後大致切塊

4瓣蒜頭，剝皮後大致切塊

1/4杯再加上2大匙紅糖，壓成塊狀

2小匙芫荽粉

1小匙薑黃粉或淡味黃咖哩粉

1350公克去骨、去皮雞胸肉，沿長邊切成2.5公分厚長條

1杯顆粒花生醬

1/2杯熱水

1/2杯椰奶

1大匙是拉差香甜辣椒醬，可按口味調整（但一定要辣）

特殊用具

攪拌機或食物調理機

45根竹籤

烤架、烙烤盤或炙烤架

預熱烤架。將雞肉從滷汁中取出，滷汁用小碗盛裝。每一塊雞肉用竹籤S形穿插，記得留一截竹籤作為握把。炙烤5分鐘後翻面，用塗抹刷或烘焙刷沾滷汁刷在雞肉上。再烤5分鐘，或直到雞肉熟透（將一塊從中切開，確認內部沒有半透明的粉紅色生肉）。趁熱搭配花生沾醬上菜。

約45份

DUCK RILLETTES

鴨肉醬

做鴨肉醬需要兩天的工夫：第一天用鹽醃漬鴨腿，第二天把鴨肉煮到幾乎（但還未）與鴨骨分離。當關節部位的鴨皮與骨頭分離並露出脛骨，就代表煮得恰到好處。

一

用大量的鹽塗抹鴨腿，將鴨腿單層平放在淺盤上。用保鮮膜包覆後隔夜冷藏。

將烤箱預熱至375℉（約190℃），從冰箱取出鴨腿。在小型厚平底深鍋中加熱鴨油，直到它融化並變透明。用少許黑胡椒調味，然後將鴨腿移至玻璃或陶瓷砂鍋，砂鍋應剛好容納單層平放的鴨腿。將熱油倒在鴨腿上，將奧勒岡草、乾月桂葉與蒜頭放在鴨腿與鍋子之間的空隙。用鋁箔覆蓋砂鍋後在烤箱中烘烤60到90分鐘，直到鴨肉幾乎與鴨骨分離。

用鐵夾取出鴨腿，待冷卻至不燙手後，將肉與骨分離（將鴨骨冷凍保存，日後熬湯用）。用叉子將鴨肉撕碎後放入攪拌碗，將濾篩放在攪拌碗之上，將鴨油倒在濾篩上。丟棄奧勒岡草、月桂葉與蒜頭。用鍋鏟溫和翻拌鴨肉與鴨油，試吃後依個人喜好用鹽與胡椒調味。可用來做變種墨西哥酥餅（請見第128頁），或裝入乾淨陶罐，用鴨油淹蓋後用保鮮膜覆蓋，冷藏保存。

約4杯鴨肉醬

6支鴨腿（共約1350到1800公克的生
　肉、鴨皮與鴨骨）

適量的鹽

2杯鴨油

適量的現磨黑胡椒

4枝新鮮奧勒岡草

1片乾月桂葉

2瓣蒜頭，剝皮

THE GRILL BITCH'S BAR NUTS

燒烤賤人的綜合堅果

4大顆雞蛋的蛋白

2250公克的綜合堅果

1/2杯砂糖

1/4杯紅糖，壓成塊狀

2小匙肉桂粉

1 1/2大匙卡宴辣椒粉

1 1/2大匙鹽

特殊用具

2張墊了烤盤紙或矽膠烤盤墊
　的烤盤（22.5乘32.5公分）

我第一次和後來自稱「燒烤賤人」的貝絲·艾蕾斯基（Beth Aretsky）共事，是在紐約市一間名叫「五分之一」（One Fifth）的餐廳，那是早已消失在我坎坷廚師生涯中的一間餐廳。她自創的甜辣綜合堅果令許多顧客無法自拔，喝酒喝到忘了什麼叫「適可而止」。

—

烤箱預熱至325°F（約160℃）。

在大攪拌碗中，將蛋白打到起泡但尚未變黏稠。

在另一個攪拌碗中，將堅果、砂糖、紅糖、肉桂粉、辣椒粉與鹽混勻，讓調味料沾附在堅果表面。拌入蛋白，溫和攪拌以確保所有的堅果都被蛋白包覆。

將混合食材平分至兩張預先準備的烤盤，在烤箱中烘烤30分鐘，烤到15分鐘時旋轉烤盤並攪拌堅果。烤30分鐘後，堅果應變得又乾又脆。

從烤箱取出烤盤，冷卻後上菜。

8杯

MUTANT QUESADILLAS: CHORIZO AND DUCK

變種墨西哥酥餅：喬利佐香腸與鴨肉

900公克新鮮墨西哥喬利佐香腸，移除腸衣
　　後剝碎

2顆中或大的青椒，挖去果核與種子後切碎

1顆中型白洋蔥，剝皮後切碎

適量的鹽與現磨黑胡椒

32片（20公分）墨西哥薄餅

675公克傑克起司，切絲

900公克鴨肉醬（請見第125頁），室溫

450公克契福瑞起司，加熱軟化

1/2杯植物油或其他中性油

2杯公雞嘴醬（請見第290頁）

特殊用具

2張墊了烤盤紙的烤盤

烤架或有橫紋的烙烤盤

長毛烘焙刷

長柄金屬鍋鏟

好吧，平時我最討厭（最常抱怨）的東西，就是假墨西哥料理。可是這種變種墨西哥酥餅做法真的很簡單，是一道讓人無法討厭的美食，而且只要搭配無盡的酒水端出去，你的賓客肯定整整一個小時都沒空做別的事。

融化的起司。就這樣。

—

將喬利佐香腸放入大型厚底深煎鍋，再加入數大匙的水。中火煮至香腸中的脂肪融出（會有很多油），且香腸發出嘶嘶聲、邊緣開始變褐色，約5到7分鐘，偶爾攪拌以確保香腸肉不結塊。放入切碎的青椒與洋蔥，攪拌以確保蔬菜覆滿熱油，並刮除鍋巴。撒一點鹽幫助蔬菜出汁，然後繼續中火煮至蔬菜變得軟爛。試吃後，視情況用鹽與胡椒調味，然後關火。

組裝墨西哥酥餅：將1片墨西哥薄餅平放在乾淨的工作平臺上，撒上少許碎傑克起司，薄餅邊緣留1公分的白邊。小心在起司上鋪一層煮好的喬利佐香腸與青椒、洋蔥，同樣留白邊，然後再撒上少許傑克起司。最後放上另一片薄餅，按壓定型；到時候遇熱融化的起司會像膠水一樣，將兩片薄餅黏在一起。再用同樣方法處理14片薄餅，總共做8份塞了喬利佐香腸的墨西哥酥餅。烙烤之前，將組裝好的酥餅擺在烤盤上，用幾層烤盤紙分隔開來。

鴨肉墨西哥酥餅的製作過程和上述方法相差無幾。在一片薄餅上塗上契福瑞起司，另一片薄餅上塗鴨肉醬，然後依上述方法組裝起來。

預熱烤架或烙烤盤。如果你用的是烤架，先用烤肉爐清潔刷在架上塗薄薄一層油；如果你用的是烙烤盤，淋上少許的油，然後用鐵夾夾住擦手紙將油抹開，並擦掉多餘的油。

在酥餅其中一面塗少許的油，然後用鍋鏟俐落地將酥餅滑到烤架上，塗油那一面朝下。第一面烤1到2分鐘，然後另一面也塗油，小心翻面。用同樣的方法處理剩下的酥餅，將烤完的酥餅切成4、6或8等份，搭配公雞嘴醬上菜。

16份（20公分）墨西哥酥餅

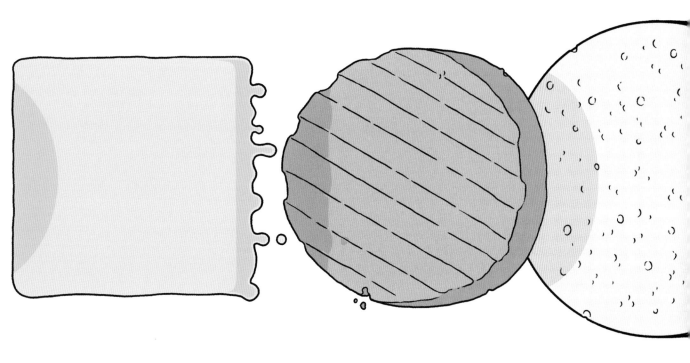

[7]

HAMBURGER RULES

漢堡鐵則

布里歐很讚。

但只限於早餐。

千萬別以為布里歐麵包適合做漢堡。布里歐是法國人發明的麵包，法國雖然在料理界影響深遠，卻在文化方面無法理解（甚至在歷史方面無法認同）美式漢堡。

漢堡麵包的目的就是支撐中間的肉，並添加風味。而漢堡肉本就定義為肥滋滋的肉，有適量油脂才好吃。麵包應該和肥肉形成反差，還有吸收多餘汁液的功能；麵包的量應該和漢堡肉的量成正比，直到最後一口才吃完。

布里歐很油，反而會讓漢堡**更油**，而且吃著吃著很容易在你手裡散掉，因此布里歐作為合作夥伴、作為朋友都不可靠。馬鈴薯麵包倒是遞送肥肥漢堡肉的完美夥伴，它應該鬆鬆軟軟、夠堅固，是食材中明顯的勞工階層。

漢堡是完美的食物，它就像壽司（這也是一種完美食物）一樣，應該簡樸無華，但你仍該抱持驕傲的態度，以精準的技術做漢堡。

組裝漢堡時，你必須時時叩問自己：「這真的必要嗎？」這是類似插花的藝術，你得捨棄所有對漢堡肉沒有助益的食材，因為漢堡肉才是漢堡的重點。

它真的需要番茄片嗎？番茄片真的能讓漢堡更美味嗎？在這裡，你必須衡量得失。現在也許是番茄盛產的季節，番茄很好吃，但這份結構精緻的漢堡加了這片番茄之後，對結構與「可吃性」的影響值得嗎？

那麼，該選切達起司還是美國起司呢？你也必須時時問自己，你願意為所謂的「品質」犧牲多少？很顯然，美國起司無論在口感方面或結構方面都優於切達起司，更適合團結漢堡的其他配料——況且，它還具有文化傳統的力量。

那萵苣呢？我個人不愛。我喜歡把沙拉放在旁邊分開吃，不過我也能理解大家對嫩脆口感的渴望。可是，如果你斗膽在漢堡上放綜合生菜葉或是嫩芝麻菜，那就算把你丟到關塔那摩海軍基地受酷刑也是你活該。請用撕成小片的捲心萵苣，頂多用蘿蔓萵苣。就這樣。

洋蔥能增添趣味，但一定要切薄片，和紙一樣薄。而且拜託拜託，用新鮮的洋蔥。焦糖洋蔥？不要，我不愛。漢堡不應該是甜的，整個漢堡唯一的甜味來源應該是番茄醬。

說到這個，拜託別在我的漢堡上加「自製甜酸醬」，請讓番茄醬完成它的使命。還有，別做什麼「自製番茄醬」，沒事幹嘛做番茄醬？市售的番茄醬又沒問題，幹嘛沒事找事做？你自己調的番茄醬真的比我們數十年來相依相伴的調味品好吃嗎？每當服務生問我要不要「自製」番茄醬，我就會全身緊繃，誰曉得接下來會發生什麼鳥事？蒙福之子樂團（Mumford and Sons）會不會從廚房跑出來，在我的餐桌旁邊開唱？

那美乃滋呢？如果適量添加的話，或許可以。你當然不希望漢堡的料從麵包中間噴出來，掉在你「下面」，所以這實在很難拿捏。你到底有多喜歡美乃滋？有必要分析一下利弊。

培根？來，都來。不過培根就和其他的漢堡餡料一樣，你必須嚴加注意它的厚度、熟度，還有部位。換言之，用一塊標準型培根，切薄片，煮到全熟。還有，別把整個漢堡都塞滿培根，我告訴你，真的有培根過量這回事。

[8]
PASTA
義大利麵

SUNDAY GRAVY WITH SAUSAGE AND RIGATONI

週日肉汁佐香腸水管麵

我不是義裔美國人，為此我一直耿耿於懷。不知道你有沒有看過《週末夜狂熱》（*Saturday Night Fever*）這部電影，電影裡有一幕是男主角東尼·曼尼洛（Tony Manero）和家人一起吃飯，大家打打罵罵的好不熱鬧，我羨慕極了。

小時候，我們家吃晚餐時不可以比手畫腳，說話的音量必須控制在合理範圍，而且禁止無禮的發言，更別提打人了。用麵包吸乾盤子上的醬汁——或是肢體上和食物有太多互動——都不是我媽媽認可的行為。

所以這道美國紐澤西式義大利經典料理，是我所有童年幻想的具體化形象。它體現了物盡其用的拿破崙式思維模式，不僅將一堆都是骨頭、品質不佳的肉變成美味菜餚，更將一份餐點延伸成兩道菜。

—

烤箱預熱至350℉（約180℃）。用鹽與胡椒給牛尾調味。在有蓋平底鍋或有蓋的大型厚底烤鍋中，用中大火加熱橄欖油至七分熱。放入豬頸骨與牛尾（若空間不足可分批），在熱油中將每一面煎成褐色。用鐵夾取出呈

1125公克牛尾，切塊

適量的鹽與胡椒

2大匙橄欖油

900到1350公克豬頸骨

900公克甜或辣豬肉香腸

1大顆或2顆中型大小的白洋蔥或黃洋蔥，剝皮後切碎

5瓣蒜頭，剝皮後壓碎

3大匙番茄糊

1小匙乾燥奧勒岡草

1小匙紅辣椒粒，可按口味調整

2杯乾紅酒

2杯深色萬用高湯（請見第274頁）

2罐（800公克）碎番茄

2片乾月桂葉

2枝新鮮百里香或迷迭香

1枝新鮮羅勒

450公克乾燥水管麵

112到168公克帕馬森起司，刨碎用

特殊用具

棉質紗布

棉繩

褐色的肉塊，放在烤盤或大淺盤上，盤子盛接滴出的肉汁時，你可以繼續烹煮剩餘的肉塊。將香腸也煎到微焦，然後放在一旁。

香腸、豬頸骨與牛尾都煎好起鍋後，將洋蔥放入有蓋平底鍋，中大火拌炒。用木匙刮除鍋巴，讓鍋巴黏在洋蔥表面。撒少許的鹽，讓洋蔥邊煮邊出汁。

放入蒜頭，煮1分鐘。放入番茄糊、奧勒岡草與紅辣椒粒，煮數分鐘，直到番茄糊呈深紅褐色並開始沾鍋。用乾紅酒洗鍋收汁，煮到一半的液體蒸發。

放入高湯、碎番茄與乾月桂葉。用棉質紗布包裹香草，接著用棉繩緊緊捆綁，做成法國香草束。將牛尾與豬頸骨放回有蓋平底鍋，用鹽與胡椒調味汁後煮至沸騰。蓋鍋，將平底鍋放入烤箱烤2.5小時。

從烤箱取出平底鍋，放入煎好的香腸，再放回烤箱烤30分鐘。這鍋蔬菜燉肉應濃稠但依然多汁。

取出並丟棄法國香草束，別讓肉汁與香腸冷卻。

在大型厚底鍋中，將加了鹽的水煮沸，依照水管麵包裝上的指示將它煮到剛好有嚼勁。用濾盆瀝乾義大利麵，倒掉鍋裡的水，然後用中火溫和拌炒水管麵30秒，使它完全乾燥。必要時可使用鐵夾，以免水管麵沾鍋。舀適量的溫肉汁加入厚底鍋，讓肉汁包覆麵，但別淹沒它。將義大利麵與香腸擺在一起，搭配更多醬汁與刨碎的帕馬森起司上菜。

4到6人份

LINGUINE WITH WHITE CLAM SAUCE

蛤蜊白醬義大利細扁麵

5打短頸蛤，刷洗乾淨

1/4杯頂級橄欖油

12瓣蒜頭，切碎

1小匙紅辣椒粒

1/2杯乾白酒

450公克乾燥義大利細扁麵

適量的鹽與現磨黑胡椒

3大匙奶油，切小塊

1杯大致切碎的新鮮香芹葉

如果你非選一頓「最後的晚餐」不可，這會是一個很好的選項，因為它好吃到不行——而且你不必擔心吃太多蒜，在隔世有口臭問題。

—

在大型厚底鍋中，將約2.5公分深的鹽水煮至沸騰。小心將4打短頸蛤放入鍋裡，蓋鍋後蒸約5分鐘，直到蛤蜊殼打開。經常檢查蛤蜊的狀況，必要時用鐵夾或長柄匙翻動蛤蜊，並將已經打開的蛤蜊移至大碗中，以免煮得過熟咬不動。切勿將湯汁倒掉。

蛤蜊冷卻至不燙手後，立刻用湯匙或洗乾淨的手取出蛤蜊肉，盡量保持其形狀的完整，並盡量保留殼內的煮液。假如蛤蜊肉太大塊，可以稍微切一下。用細篩過濾湯汁，過篩的液體裝在小碗中。

洗鍋。裝3/4鍋的水，加入大量的鹽，然後煮至沸騰。

鹽水即將沸騰時，在大型厚底深煎鍋中加熱橄欖油，放入蒜頭與辣椒粒，用中小火煮。小心別讓蒜頭燒焦，它燒焦的速度很快。加入乾白酒之後火量調大，讓白酒煮沸後蒸發一半。倒入先前保留的蛤蜊煮液，還有一些蛤蜊湯汁，接著放入剩下的1打短頸蛤。蓋鍋後蒸至蛤蜊殼打開，取出已經打開的蛤蜊，過一段時間還未打開的蛤蜊就直接丟棄。（就算有一、兩顆不打開也很正常。）

將義大利細扁麵放入沸騰的鹽水中，根據包裝上的指示煮至剛好有嚼勁。

煮麵的同時，將之前煮好的蛤蜊肉放入深煎鍋，用適量的鹽與胡椒調味。加入奶油拌炒，直到食材熱燙。

將濾盆置於攪拌碗或乾淨的鍋子上方，盛接一些煮麵用的鹽水，然後用濾盆瀝乾義大利細扁麵。立即將義大利麵放入蛤蜊醬的鍋中，開火翻拌1分鐘，必要時一次加入1/4到1/2杯煮麵鹽水，稍微稀釋蛤蜊醬。用香芹裝飾，然後移至上菜碗，擺上帶殼的蛤蜊之後立即上菜。

當作主菜為4人份，當作一道菜為8人份

MACARONI AND CHEESE

起司通心粉

把那隻該死的龍蝦拿走！別放在我的起司通心粉上面！

松露**並不會**讓它更好吃。如果你加的是「松露油」（由石油中某種化學成分，以及一九九〇年代美國美食界平庸現象的破碎夢想所製成的添加物），那就算被人一拳打在腎臟上也是罪有應得。

—

烤箱預熱到375℉（約190℃）。

在大型厚底鍋中，將鹽水煮沸後放入彎管通心粉，根據包裝上的指示煮到剛好有嚼勁。瀝乾後放在一旁。

事先將攪拌器與木匙備在手邊，找個東西墊在下面。等會你做奶油炒麵糊與白醬的時候，會一直交替使用這兩種工具。

在餘溫尚存的通心粉鍋中，用中大火加熱奶油，直到它冒泡後軟化。拌入麵粉，然後開中大火，用木匙持續攪拌到麵粉糊呈類似堅果的金褐色，約2分鐘。切勿讓麵粉糊燒焦。拌入全脂牛奶，將麵粉糊煮至剛好沸騰，並時時用木匙攪拌與刮除沾在鍋面的麵粉塊或牛奶。降至即將沸騰的溫度繼續加熱攪拌，直到麵粉糊稍微比高脂鮮奶油濃稠。

拌入芥末粉、卡宴辣椒粉與伍斯特辣醬，接著放入一半的帕馬森起司（剩下的留著撒在完成品上）與其他的起司，有火腿的話也一起放入。攪拌至起司完全融化，然後拌入煮熟的通心粉，充分攪拌。關火，拌入鹽與非必要的胡椒。

將混合食材移至玻璃或陶瓷砂鍋，撒下剩餘的帕馬森起司，然後放入烤箱烤15到20分鐘，直到頂層的起司呈金褐色，微微冒泡。

趁熱上菜，或冷藏後全部一起或分批溫和加熱。

8人份

450公克乾燥的彎管通心粉

5大匙無鹽奶油

5大匙中筋麵粉

4 1/2杯全脂牛奶

2小匙芥末粉

2小匙卡宴辣椒粉

1小匙伍斯特辣醬

225公克帕馬森起司，刨碎

112公克格呂耶爾起司，刨碎

140公克長期熟成切達起司，刨碎

85公克新鮮莫札瑞拉起司，切丁

112公克煮熟後切薄片的火腿，切絲（非必要）

2小匙鹽，可按口味加量

適量的現磨白胡椒（非必要）

SPAGHETTI ALLA BOTTARGA

烏魚子義大利細麵

我在薩丁尼亞的海邊愛上了這道料理，後來我拜託岳父教我做這道義大利美食。

就很多層面而言，它囊括了義大利料理哲學的精華：找幾樣優等食材，然後不要把它們搞砸就行。

一

在大型厚底鍋中將鹽水煮沸，放入義大利細麵，然後依照包裝上的指示煮至剛好有嚼勁。

與此同時，在大型深平底煎鍋或深煎鍋中，用中小火加熱橄欖油。放入蒜頭與紅辣椒粒，讓食材浸泡在熱油中2到3分鐘，直到釋放香味。關火後靜置2分鐘，然後放入一半的義大利烏魚子，溫和地晃動煎鍋。

用濾盆瀝乾煮熟的義大利細麵，接著將麵條放入煎鍋的溫熱橄欖油中。充分攪拌，撒下剩餘的烏魚子。試吃後，視情況用鹽調味（注意：烏魚子本身就很鹹），立即裝在碗裡上菜。

4到6人份

450公克乾燥的義大利細麵

1/2杯特級冷壓橄欖油

1瓣蒜頭，剝皮後切薄片

1小匙紅辣椒粒

112公克義大利烏魚子，刨碎，可按口味加量

適量的鹽

MALLOREDDUS WITH WILD BOAR SUGO

薩丁尼亞山豬肉醬麵疙瘩

我很開心能成為我太太那義大利家族的一員，更慶幸岳父是薩丁尼亞人。岳父的家族住在山區的大院裡，每個人身上都帶著至少一把以上的刀——在我看來，這是最完美的大家族。

初次見面時，整個家族的人致力用緩慢的方法殺死我——換言之，他們拿出款待客人的殷勤，還有最美味的料理。我嚐到了薩丁尼亞經典佳餚中的精華。

這道菜是其中最傳統的美食，也是我第一次登門造訪時嚐到最好吃的菜餚之一。

注意：這裡的山豬肉醬食譜做出來會比你需要的再多一些，你可以冷凍保存，或是讓你特別喜愛的一位客人帶回家。

—

山豬肉醬

1/4杯特級冷壓橄欖油
900公克無骨山豬肉，切成1公分肉塊
1顆白洋蔥或黃洋蔥，剝皮後切碎
1瓣蒜頭，剝皮
4枝新鮮迷迭香
適量的鹽
1杯奧里斯塔諾白葡萄酒（薩丁尼亞的白酒）

義大利麵與上菜用

1杯溫水
1小匙鹽，再加上煮麵用的量
2杯粗粒小麥粉，再加上撒在表面用的量
適量的現刨薩丁尼亞綿羊起司或帕馬森起司

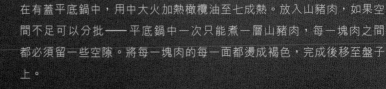

在有蓋平底鍋中，用中大火加熱橄欖油至七成熱。放入山豬肉，如果空間不足可以分批——平底鍋中一次只能煮一層山豬肉，每一塊肉之間都必須留一些空隙。將每一塊肉的每一面都燙成褐色，完成後移至盤子上。

將所有的肉放回有蓋平底鍋，加入洋蔥、蒜頭與迷迭香，然後用鹽調味。將食材攪勻，並用木匙輕輕刮除鍋巴。過幾分鐘後倒入白酒，繼續攪、刮，讓液體幫助你刮除並溶解鍋巴。大火煮到酒完全蒸發，加入足以淹蓋食材的水。水滾後立即降至即將沸騰的溫度，蓋鍋慢煮約3小時，偶爾攪拌，直到肉非常軟爛，開始解體。取出並丟棄迷迭香。假如你當天就要做義大利麵，那記得保溫醬汁；否則要冷藏保存，下回煮義大利麵時再用瓦斯爐溫和加熱醬汁，必要時拌入少許的水。

至於義大利麵的部分，請先充分混合水與鹽。

在乾淨的砧板上，將粗粒小麥粉堆成小丘，在小丘頂端做出一個凹洞，緩緩倒入2/3杯的鹽水。用叉子緩慢、溫和地將麵粉混入鹽水，小心別讓麵粉丘瓦解或讓水流出。一旦鹽水與麵粉混合完成，揉捏麵團使麵粉混得更均勻，必要時分次加入略少於1大匙的鹽水，讓麵團變得更平滑。用手揉捏約10分鐘，這時你的麵團應該很平滑。用保鮮膜包裹麵團，室

溫靜置30分鐘。

在2張烤盤上撒少許粗粒小麥粉，放在手邊。

分出約1/3的麵團，桿成約1公分粗的繩狀，然後切成1公分的小塊。

用大拇指輕輕按壓麵團塊，讓它們滾過叉子（如果你有「ciurili」——薩丁尼亞一種專門用來做義大利麵的工具——的話，也可以將麵團塊滾過它刻有凹槽的表面），放輕手勁，將麵團塊滾成長貝殼形狀。每一塊完成後放在預先準備的烤盤上，室溫靜置1小時讓麵塊乾燥。

開始溫和地加熱山豬肉醬，並在大型厚底鍋中將鹽水煮沸。小心將麵塊放入滾水，煮至變軟，約6到8分鐘。（新鮮麵塊比現成的乾燥麵塊易熟，不過粗粒小麥粉做的新鮮麵塊比起中筋麵粉或Tipo 00麵粉做的麵塊慢熟。）

用濾盆瀝乾義大利麵，棄置煮麵的鹽水。將煮熟的麵塊放回尚未冷卻的熱鍋，倒入熱山豬肉醬。用鐵夾或木匙溫和翻拌，讓肉醬包覆麵塊，用刨碎的起司裝飾後立即上菜。

6到8人份

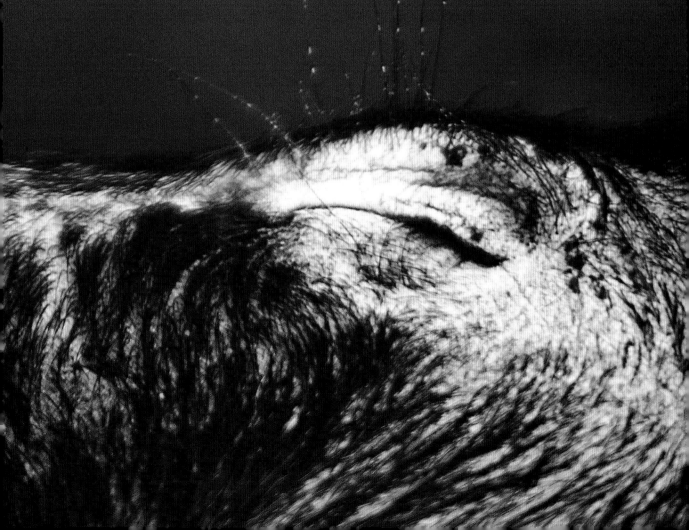

LASAGNE BOLOGNESE

波隆那肉醬千層麵

3大匙橄欖油

1大顆白洋蔥或黃洋蔥，剝皮後切碎

2大根或3根中型大小的紅蘿蔔，削皮後切碎

3根芹菜，切碎

4瓣蒜頭，剝皮後切碎

1/2小匙新鮮百里香葉

適量的鹽與現磨黑胡椒

225公克雞肝，切除結締組織與脂肪後切碎

340公克牛肩胛絞肉

340公克小牛絞肉

340公克豬絞肉

3/4杯番茄糊（約170公克）

1杯維蒙蒂諾酒、崔比亞諾酒，或其他托斯卡尼
  地區的白酒

1 1/2杯全脂牛奶

2片乾月桂葉

4杯白醬（請見第287頁）

3/4杯刨得很細碎的帕馬森起司

450公克乾燥的扁千層麵

170公克新鮮莫札瑞拉起司，切極薄片

據說新鮮或乾燥的千層麵在送進烤箱之前必須先用水煮過，但這不過是謠言。我倒是發現，千層麵烤完放到隔天會比較入味，比較好吃，所以如果你時間充裕的話，建議你在食用前一天先烤好。

—

波隆那肉醬的做法：在中型厚底鍋中，用中大火加熱2大匙橄欖油。放入洋蔥、紅蘿蔔、芹菜、蒜頭與百里香，用鹽與胡椒調味，煮7到9分鐘至蔬菜變軟、出汁，記得經常用木匙攪拌。拌入雞肝，大火煮2分鐘，接著放入牛肩胛絞肉、小牛絞肉與豬絞肉，大火拌炒，將結塊的絞肉切碎。再次用鹽與胡椒調味，繼續大火炒到絞肉呈褐色，經常攪拌，必要時刮除沾在鍋底的食材，以免絞肉或蔬菜燒焦。

一旦絞肉呈褐色，開中火拌入番茄糊，煮20分鐘，經常攪拌。倒入白酒後煮至沸騰，然後煮到一半的酒水蒸發，再加入牛奶與乾月桂葉，煮至沸騰。降至即將沸騰的溫度，燉煮1.5到2小時，偶爾攪拌。假如醬汁顯得太乾，你可能需要加少許的水（如果你有的話，也可以使用雞肉高湯或小牛肉高湯）。

試吃後，視情況用鹽與胡椒調味。關火，攪拌以釋放熱氣，接著稍微放涼。用湯匙撈掉並棄置浮在表層的油脂。

烤箱預熱至350℉（約180℃）。

用剩餘的1大匙橄欖油塗抹22.5乘32.5公分（或類似尺寸）的烤盆內側，在烤盆底鋪一層白醬，再撒上一些帕馬森起司。鋪上一層千層麵，鋪一層波隆那肉醬，接著重複鋪上白醬、碎起司、千層麵與波隆那肉醬，到填滿烤盆為止。最上層應該是波隆那肉醬與少許白醬，再放上莫札瑞拉起司薄片。

將烤盆放在烤盤上，在烤箱中烤約50分鐘，直到頂層呈褐色並開始冒泡。從烤箱取出後靜置冷卻。如果你非要當天食用不可，就先靜置15分鐘再切塊。最好放隔夜讓千層麵完全冷卻，隔天再用鋁箔紙鬆鬆地覆蓋，以350℉（約180℃）加熱，直到冒泡。從烤箱取出，靜置20分鐘後上菜。

8到10人份

SPAGHETTI WITH GARLIC. ANCHOVIES AND PARSLEY

鯷魚香芹蒜香義大利細麵

這種義大利麵超級無敵簡單，只要食物櫃和冰箱裡的材料都備齊，你應該有辦法在15分鐘內做完。

—

在大型厚底鍋中，將鹽水煮沸。

在中型或大型深煎鍋中，用中小火加熱橄欖油，接著放入蒜頭、紅辣椒粒與鯷魚，將食材分散在鍋中，確保所有食材都浸在油裡。繼續慢煮，偶爾用木匙攪拌，直到蒜頭釋放香味，鯷魚稍微融入熱油。小心控制火溫，切勿讓蒜頭燒焦，甚至不能讓蒜頭變褐色。

水滾後放入義大利細麵，根據包裝上的指示煮至剛好有嚼勁。在義大利麵起鍋之前，將香芹放入深煎鍋，溫和翻拌。用鐵夾將義大利細麵直接移至深煎鍋——沾附在麵條上的水會成為醬汁的一部分。將麵條與配料充分翻拌，將火力調至中火。加入少許的油與煮麵用的鹽水，確保所有食材不會黏在一起。試吃一條細麵，視情況用鹽調味。將混好的義大利麵移至上菜碗，撒上現刨的帕馬森起司，或將起司放置一旁上菜。

4到6人份

1/4杯頂級特級冷壓橄欖油，可按口味加量
6瓣蒜頭，剝皮後切薄片
1/2小匙紅辣椒粒
8條油浸鯷魚的魚片，沖洗、瀝乾後輕輕拍乾
450公克乾燥的義大利細麵
1杯新鮮義大利香芹葉
適量的鹽
1/2杯現刨帕馬森起司，可按口味加量

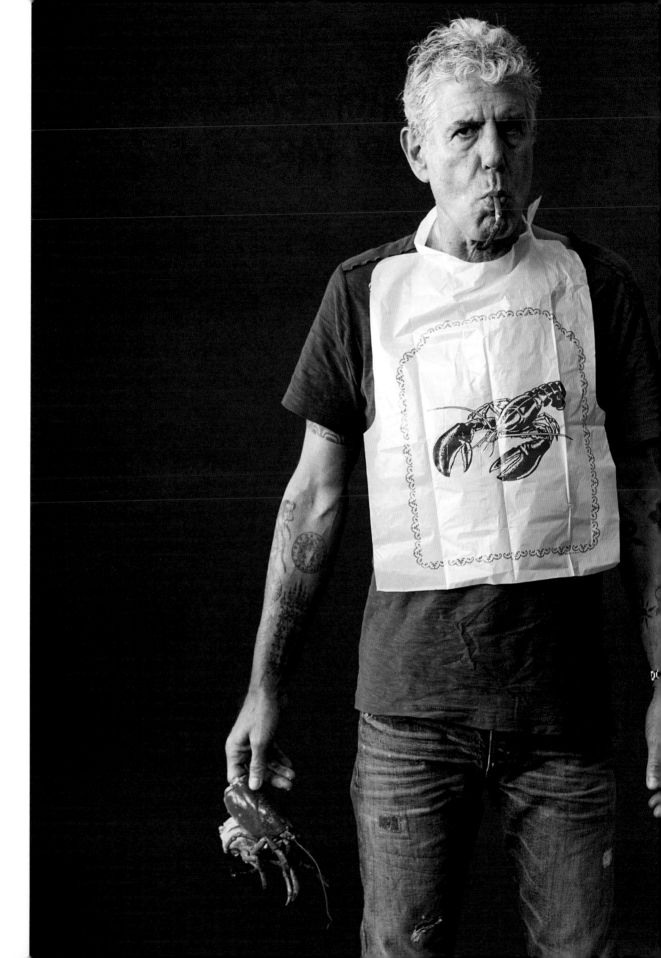

RAVIOLI OF SALT COD WITH LOBSTER SAUCE

龍蝦醬佐鹽鱈魚義大利餃

以前在Coco Pazzo Teatro餐廳當廚師，我用這道菜賺了不少好評（那是我第一次，也是最後一次在高檔義大利餐廳當廚師）。它就像名廚史考特·布萊恩（Scott Bryan）過去在他開的Indigo餐廳做的料理一樣……雖然最初的靈感已消失在一九八〇年代的迷霧中，這道佳餚卻會永遠流傳在這世界。

一

將鱈魚放入大型攪拌碗，用至少2.5公分高的冷水淹蓋，浸泡24小時讓鱈魚肉重新吸取水分，並沖淡保存魚肉的鹽巴。最初幾個小時，你必須每小時換水，那之後每幾個小時換一次水為佳。理想情況下，你在早上或下午開始準備，就會在隔天早上或下午完成。只要一開始勤勞點，你就不必半夜爬起來換水了。

取出鱈魚，輕輕拍乾後放在一旁。

在大型厚底湯鍋中，混合1杯高脂鮮奶油、百里香、香芹、乾月桂葉與蒜頭，煮至沸騰。放入鱈魚，降至即將沸騰的溫度煮5到8分鐘，接著用大漏勺取出鱈魚，移至乾淨的碗裡。鱈魚冷卻到不燙手後，將手洗得非常乾淨，然後將魚肉撕碎。拌入龍蝦的螯關節肉與其他碎肉，至於龍蝦螯與尾部則留著當作重頭戲。

重新將鮮奶油等混合食材加熱至沸騰，接著調降至即將沸騰的火力，燉煮10到15分鐘，讓混合食材變得濃稠。

450公克鹽鱈魚

1 1/4杯高脂鮮奶油

2枝新鮮百里香

2枝新鮮迷迭香

1片月桂葉

8瓣蒜頭，壓碎

1尾龍蝦（約900公克），蒸熟、去殼後依部位分開（請見第99頁）

3/4杯特級冷壓橄欖油

適量的鹽與現磨黑胡椒

2大匙切碎的香芹葉

1/4杯中筋麵粉，可視情況加量

450公克新鮮義大利麵麵團，壓成片狀（請見下一小節的食譜）

1/2杯粗粒小麥粉，可視情況加量

2大匙（1/4條）無鹽奶油

2顆紅蔥，剝皮後切碎

1/2杯乾白酒

1 1/2杯海鮮高湯（請見第278頁）

切碎的新鮮蝦夷蔥，裝飾用

用篩子將混合食材過濾到乾淨的碗裡，拌入橄欖油，然後靜置直到食材冷卻至室溫。緩緩將鮮奶油等混合食材和鱈魚混勻，用木匙攪拌。這就是義大利餃的內餡，它應該要夠溼潤、適口，但不能溼到滲透義大利麵的薄層。試吃後用鹽與胡椒調味，接著拌入切碎的香芹。

將少許中筋麵粉撒在乾淨、乾燥的木製砧板或其他工作平臺上，在砧板上平鋪一張義大利麵麵團。在1張烤盤上撒粗粒小麥粉，放在手邊。將餡料分成約1大匙的量，擺在義大利麵麵團上，餡料之間留約5公分的空間，接著鋪上第二層義大利麵麵團，輕輕按壓餡料周圍的麵團以形成義大利餃。用義大利麵滾刀或主廚刀將麵團切割成義大利餃，然後將切割完畢的義大利餃放在烤盤上。

在清洗過的大湯鍋中裝滿水，加入大量的鹽，煮至沸騰。

將龍蝦尾部與螯部的肉切成稍大的塊狀。

煮水的同時，在大型厚底深煎鍋中用中大火加熱1大匙奶油，直到奶油冒泡後軟化。放入紅蔥，煮至稍微呈半透明，約2分鐘。拌入乾白酒，煮至一半的酒水蒸發，接著倒入海鮮高湯，煮到大部分的水分蒸發，醬料只能稍微沾附在木匙背面。拌入剩下的1/4杯高脂鮮奶油，試吃後視情況調味。放入龍蝦塊，暫時關火，將注意力轉向義大利餃。

這時候煮義大利餃的水應該沸騰了，小心將義大利餃放入滾水，若有沾黏就將它們分開。煮到義大利餃漂浮到水面，約3到5分鐘。用中火加熱醬料，當義大利餃漂起來時，用大漏勺將它與剩下的1大匙奶油放入醬料鍋，經常晃動讓醬料包裹義大利餃。試吃後，視情況調味。用蝦夷蔥裝飾，然後立即上菜。

4到6人份

FRESH PASTA DOUGH

新鮮義大利麵麵團

在乾淨的木製、大理石製或塑膠砧板，或其他工作平臺上，將麵粉堆成小丘，並在中心做出凹洞。將蛋、蛋黃、橄欖油與鹽放入凹洞，用木匙或叉子緩緩拌入麵粉形成麵團，小心別讓溼的食材溢出。

麵團成形後，揉捏至少10分鐘，最多15分鐘，必要時在工作平臺或手上撒少許麵粉。（你也可以把這份工作交給附鉤狀攪拌頭的直立式攪拌機。）

用保鮮膜包裹麵團，冷藏至少30分鐘。

當你準備將麵團擀平時，從冰箱取出麵團，移除保鮮膜，讓麵團回到室溫。將麵團切成4塊，每一塊都放入壓麵機，先設定最厚的厚度，每壓一次就摺成1/3大小。必要時撒少許麵粉，讓麵團保持平滑而不沾黏。將壓麵機的壓麵厚度愈調愈薄，不斷重複輾壓麵團，直到你達到理想的厚度（如果你做的是千層麵或義大利餃，應該要非常薄）。將每一片輾壓完成的義大利麵麵團平鋪在墊了烤盤紙的烤盤上，再鋪一層烤盤紙以免麵團太乾燥。切割成你所需要的形狀。

約450公克的麵團

2杯中筋麵粉（約280公克），再加
  上撒在工作平臺與麵團上的量
2大顆雞蛋
3大顆雞蛋的蛋黃
2小匙橄欖油
1小匙鹽

特殊用具

直立式攪拌機與鉤狀攪拌頭（非必
  要，如果你選擇不用手揉捏麵團，
  可以用立式攪拌機代替）
壓麵機或有壓麵功能的直立式攪拌機

[9]
FISH AND SEAFOOD
魚與海鮮

BLUEFISH IN TOMATO VINAIGRETTE

番茄香醋鮭魚

1顆檸檬的汁液（約2大匙）

3大匙頂級特級冷壓橄欖油

700公克到1公斤的鮭魚魚片，切成4份

適量的鹽與現磨黑胡椒

2顆紅蔥，剝皮後切薄片

3大顆成熟紅番茄，任何品種，挖去果
　核與種子

2大匙雪莉醋

1小匙新鮮百里香葉片

唉，受人唾棄的鮭魚！

牠們永遠被餐廳、被在家做菜的廚師忽視。

牠們是舞會裡的醜女孩。

為自己站起來吧！

抓鮭魚很好玩，但牠們多半不受饕客歡迎。我在普羅威斯
頓第一次嚐到鮭魚肉，如果你造訪當地人常去的餐廳，就
會看到整張菜單都是鮭魚。我也曾在餐廳料理過鮭魚肉，
但銷量一直不佳。靠近我們租的夏季度假屋的路口，有一
間平價家庭餐廳叫Tips for Tops'n，我喜歡去那裡吃從魚骨
一刀切下去的鮭魚。

數十年來，我一直希望吃鮭魚能成為美食界新風尚，卻不
斷失望。大家認為鮭魚太難保鮮，抓到後必須立即果斷地
用精細技術移除暗紅色的魚肉，以及沿脊椎而生的肌肉。
但如果你買到新鮮鮭魚——然後馬上烹調——我告訴你，
這會是你最難忘的魚類料理之一。

—

將烤箱調整到炙烤功能預熱，將烤架調整到魚肉距熱源10到15公分的高度。

在小攪拌碗中，將檸檬汁與1大匙橄欖油攪勻。用鹽與胡椒調味魚肉，然後放入玻璃或陶瓷砂鍋，魚皮面朝下。將混合的檸檬汁與橄欖油倒在魚肉上，確保汁液均勻分布在魚肉表面。將紅蔥撒在魚片上，靜置20分鐘。

與此同時，用刨刀孔洞較大的一面將番茄刨碎，接著放入中型攪拌碗。加入雪莉醋、剩下的2大匙橄欖油與百里香。用鹽與胡椒調味，攪勻，試吃後依個人喜好調味。

將魚片與紅蔥移至炙烤盤，炙烤約10分鐘，直到魚肉最厚的部位微微半透明。從烤箱取出魚片，擺在出菜用的淺盤上，淋上番茄香醋，然後立即上菜。

4人份

CLAMS WITH CHORIZO LEEKS, TOMATO, AND WHITE WINE

番茄白酒蛤蜊佐喬利佐香腸、韭蔥

2大匙橄欖油

170公克頂級新鮮喬利佐香腸，切薄片

1大根或2根中型大小的韭蔥（只保留白
色部分），修剪後切片（約2 1/2杯）

4瓣蒜頭，剝皮後切碎，再加上2瓣蒜
頭，剝皮後對切

適量的鹽與現磨黑胡椒

1杯乾白酒

1罐（約800公克）碎番茄

4打短頸蛤，刷洗乾淨

4片有硬皮的酸麵包厚片

做這道菜的話，你必須買新鮮、較軟、火紅色的喬利佐香
腸，就是加熱時釋出鮮橘紅色油水的那種。

一

在大型深煎鍋中，用中大火加熱1大匙橄欖油，接著放入喬利佐香
腸。用木匙拌炒，直到香腸的油脂融出，邊緣酥脆且呈褐色，約5
到7分鐘。放入剩下的1大匙橄欖油、韭蔥與切碎的蒜頭，攪拌以
確保熱油包覆蔬菜。用鹽與胡椒調味，然後煮至蔬菜變軟，約5分
鐘。拌入白酒，將火調大，煮至一半的酒水蒸發。放入碎番茄，
煮至混合食材劇烈沸騰，接著放入蛤蜊，單層排在鍋中，必要時
可分批。蓋鍋，繼續煮到蛤蜊打開，棄置沒打開的蛤蜊。

煮蛤蜊的同時烤麵包，用對切的蒜頭內面塗抹麵包表面。

將熱燙的蛤蜊與其餘食材盛裝在淺上菜碗中，搭配蒜頭麵包上
菜。

4人份

HALIBUT POACHED IN DUCK FAT

鴨油燉大比目魚

1顆檸檬

1大匙菜籽油或其他中性油

1大匙茴香籽

2個小豆蔻果莢的種子

1片乾月桂葉

4瓣蒜頭，剝皮後切片

2片大比目魚魚片（每片約340公
　克；請店家幫你去除魚腹的白色
　魚皮，但保留背部深色的魚皮）

適量的鹽與現磨黑胡椒

1公升鴨油（在各家美食零售店和
　一些肉店都買得到）

馬鈴薯泥（請見第210頁）

特殊用具

Microplane牌刨刀

料理用溫度計

這道菜超級容易，最難的步驟就是買菜。

—

用Microplane牌刨刀將檸檬皮刨碎，放入小攪拌碗，然後放入菜籽油、茴香籽、小豆蔻籽、乾月桂葉與蒜頭，充分攪拌。將此混合食材塗抹在比目魚肉的兩面，將魚片放在砂鍋或夾鏈袋裡，冷藏至少2小時，最多24小時。

燉魚前15分鐘從冰箱取出魚片，撥掉多餘的蒜頭與種子，然後將鹽與胡椒塗抹在魚片的兩面。在大型厚底鍋中，用中火加熱鴨油至150℉（約65℃），並用料理用溫度計監測油溫。將魚片滑入鍋中，撈起熱油淋在魚肉表面，讓魚片浸在油裡。燉煮5分鐘，然後關火，蓋鍋，靜置10到15分鐘，直到魚肉內部的溫度到達150℉（約65℃）。

用大漏勺或煎魚鏟小心地從鍋中取出魚片，視情況調味，然後搭配馬鈴薯泥上菜。

4人份

WHOLE ROASTED WILD BLACK SEABASS

烤黑石斑

如果你遇到需要表演的場合就緊張，可以先把烤全魚端出去讓客人驚嘆一番，再自己拿回廚房切片。

—

烤箱預熱到500℉（約260℃）。

用廚房剪刀剪下並棄置黑石斑的所有魚鰭，用冷水充分沖洗魚，將1大匙橄欖油塗抹在魚身內外，也用鹽與胡椒塗抹在魚身內外。將1枝或更多枝奧勒岡草與百里香，以及1或2片檸檬塞在每條魚的體腔。將洋蔥片單層平鋪在烤肉盤底部，當作魚的烤架，接著在洋蔥片上擺一層香草與檸檬片，再將兩條全魚放在上面。再將一層香草與檸檬片放在魚身上，淋上剩餘的2大匙橄欖油，然後用鋁箔紙緊緊覆蓋。

在烤箱中烘烤20到24分鐘，檢查其中1條魚的體腔，確保整條魚都熟透了——將料理用溫度計插入魚肉最厚的部位，溫度應在130℉（約55℃）左右。如果溫度稍低，將魚放回烤箱5分鐘，但記得先關閉烤箱電源讓魚緩慢加熱，以免肉質太乾。

從烤箱取出烤全魚，擺在上菜用的淺盤上，並將香草與檸檬片擺在一旁裝飾。在餐桌上（最好在廚房）將烤魚切片：首先，拔除並棄置所有明顯可見的魚鰭。一次處理魚的一面，在魚頭後與魚尾上方各切一刀，切開魚皮與魚肉，深至魚骨。將刀從魚頭後方伸入魚片下方，沿著脊椎將烤熟的魚肉整片削下來，然後小心抬起魚片，放上上菜用的淺盤。將魚翻面，用同樣的方法處理另一面的魚肉。用更多鹽、胡椒、橄欖油（還有檸檬汁，可依個人喜好決定是否添加）調味魚片，接著搭配蒸熟的小馬鈴薯與粉紅酒上菜。

2到4人份

2條完整的野生黑石斑（每條450到675公克），取出內臟並去鱗
4大匙特級冷壓橄欖油
適量的鹽與現磨黑胡椒
1束新鮮奧勒岡草
1/2束新鮮百里香
1顆檸檬，切薄片
1顆白洋蔥，剝皮後切成0.5公分片狀
450公克小馬鈴薯，蒸熟

特殊用具

料理用溫度計

[10]
BIRDS
鳥禽

ROAST CHICKEN WITH LEMON AND BUTTER

奶油檸檬烤雞

每個人都應該知道怎麼烤雞,這項生活技能極其重要;學校應該教小小孩怎麼烤雞。烤出水嫩、全熟且外皮酥脆的烤雞,這項能力應該納入好公民指標,全人類都應該有這項技能。當你漫步在街上,理應可以相信身旁的路人,在有需要的時候,他們絕對有能力端出好吃的烤雞。

感覺很簡單對不對?但是烤雞是歐洲高級餐廳面試時,新手廚師必須面對的挑戰,這是最傳統的考驗,用來測試新人的基本技能。比起把烤雞做好,把烤雞搞砸不會比較難,只會更簡單。

尊重那隻雞!

—

1隻頂級雞(約1125公克),有機為佳
適量的海鹽
適量的碎黑胡椒粒
4大匙(1/2條)無鹽奶油
10枝新鮮百里香
1片新鮮月桂葉
1/2顆檸檬,切成4塊
1杯乾白酒
1顆檸檬的汁液(約2大匙)
1 1/2杯雞肉高湯
1/4杯切碎的新鮮香芹
適量的現磨黑胡椒
安娜薯片(請見第263頁)

特殊用具
棉繩(非必要)

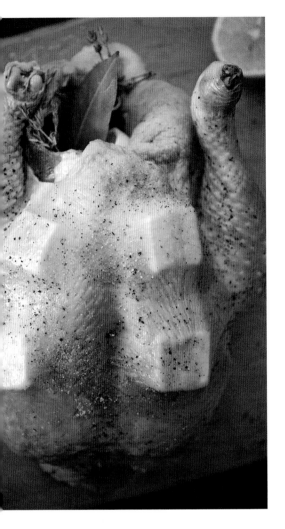

烤箱預熱至450°F（約230℃）。

將海鹽與碎黑胡椒粒塗抹在雞的內外，兩側雞胸、兩側大腿分別在皮下塞1塊1/2大匙的奶油。將百里香、月桂葉與檸檬塊塞進雞的體腔。

用水果刀的刀尖在兩條雞腿下的雞皮戳一個小洞，小心將兩條腿分別塞入小洞。（如果你知道怎麼用棉繩將翅膀與腳扎緊，那你也可以這麼做，不過我這種方法比較簡單。）

將雞放上防火烤肉盤，烤30到40分鐘，烘烤期間轉動烤肉盤並將它移動到烤箱中不同的位置，以免受熱不均。用吸球滴管或長柄金屬匙在雞肉上抹兩、三次奶油。將烤箱溫度設定至300°F（約150℃），不時在肉上抹奶油，繼續烘烤30到40分鐘直到烤雞完成——當你用水果刀戳大腿部位的肥肉時，應流出澄清的汁液。

從烤箱取出烤雞，靜置15分鐘，然後切下雞胸與雞腿，保留所有部位。用湯勺盡量撈掉烤肉盤汁液表面的油脂，接著將烤肉盤放在瓦斯爐上大火加熱，拌入乾白酒與檸檬汁，並用木匙刮除鍋巴，讓褐色鍋巴溶入湯汁。煮至沸騰，然後繼續煮到一半的湯液蒸發。用木匙拌入雞肉高湯，煮至沸騰，然後再煮到一半的湯液蒸發。關火，用篩子將湯液過濾至中型厚平底深鍋，中火加熱。拌入剩下的2大匙奶油，一次1大匙，直到湯汁濃稠且具光澤。拌入香芹，視情況用鹽與胡椒調味。

一個人分半塊雞胸與一隻雞腿或大腿肉，將湯汁淋在雞肉上，搭配安娜薯片與盛裝在醬料盤裡的多餘湯汁上菜。

4人份

CHICKEN POT PIE

鹹雞派

3杯深色萬用高湯（請見第274頁）或雞肉高湯

1350公克帶骨、帶皮雞腿肉，切除並棄置明顯
　的脂肪

適量的鹽與現磨黑胡椒

450公克褐皮馬鈴薯（約3大顆馬鈴薯），削皮
　後切丁

6大匙（3/4條）無鹽奶油

8顆珍珠洋蔥，剝皮後修剪，沿長邊切成4等份

2根中型大小的紅蘿蔔，削皮後切丁

2根芹菜，切丁

5到7枝新鮮百里香的葉片

4到8片新鮮鼠尾草葉，切碎

1/2小匙芹鹽

1/4杯中筋麵粉，再加上撒在工作平臺與麵團
　上的量

1杯全脂牛奶

1/2杯冷凍香豌豆

1團鹹油酥麵團（請見下一小節的食譜），壓
　成0.5公分薄片

1顆雞蛋，打勻

這道菜的理想模型是Horn & Hardart餐廳的版本。想當年我爸做兩份工：白天去曼哈頓管理Willoughby's相機店，晚上在附近的Sam Goody影音專賣店擔任樓層經理。有時候我和媽媽、弟弟會一起等他下班，到紐澤西州帕拉默斯市的韋斯菲爾德公園廣場購物中心（Garden State Plaza）的Horn & Hardart餐廳吃宵夜。那邊的鹹雞派非常好吃，但雞肉份量總是不夠多。我這份食譜能解決雞肉太少的問題。

—

在中型厚底燉鍋中，將高湯煮至沸騰，然後降至即將沸騰的溫度，放入雞肉。在高湯中用小火煮約10分鐘，然後關火，蓋鍋，靜置25到30分鐘，直到雞肉全熟。用鐵夾取出雞肉，不要倒掉高湯。雞肉冷卻到不燙手時，去除並丟棄雞皮、雞骨，將雞肉撕碎或大致切塊，大塊的雞肉盡量保持完整。用鹽與胡椒調味後放在一旁。

烤箱預熱至400°F（約205°C）。

將馬鈴薯放入溫熱的高湯，加熱至即將沸騰的溫度，在高湯中燉煮5到8分鐘，直到馬鈴薯有點軟但還沒熟透，因為

等會放入烤箱會繼續加熱。用大漏勺撈出馬鈴薯，和雞肉一起放在一旁。

在中型厚底深煎鍋中，用中大火加熱2大匙奶油，直到奶油冒泡並軟化。放入珍珠洋蔥、紅蘿蔔、芹菜、百里香、鼠尾草與芹鹽，中火煮到蔬菜有點軟但還沒熟透。關火，用鹽與胡椒調味蔬菜，然後和雞肉、馬鈴薯一起放在一旁。

將攪拌器與木匙備在手邊，找個東西墊在下面。等會你做奶油炒麵糊與白醬的時候，會一直交替使用這兩種工具。在乾淨燉鍋中，加熱剩下的4大匙奶油，直到奶油冒泡並軟化，接著用木匙拌入麵粉，繼續邊煮邊攪拌1到2分鐘，直到麵粉稍微飄香並開始變褐色。用攪拌器拌入全脂牛奶與1杯剛才保留的高湯，時時攪拌以確保麵粉與奶油糊不結塊，也幫助牛奶與麵粉、奶油混勻。換用木匙繼續攪拌，輕刮鍋底每一個角落，確保麵粉沒有沾鍋或燒焦，煮至混合食材稠到足以沾黏在木匙背面。關火，用鹽與胡椒調味，然後拌入剛才的雞肉、馬鈴薯、蔬菜，還有冷凍香豌豆。若醬汁太濃稠，可倒入少許先前保留的高湯。

將混合食材移至22.5乘32.5公分（或尺寸類似）的烤盆上，用麵棍將麵團桿成約25乘35公分片狀，將稍多的麵粉撒在麵團表面。用擀麵棍「滾」起麵團，小心在烤盆上的雞肉等混合食材上面攤開，將麵團邊緣摺起並用叉子壓出凹槽。用水果刀在麵團表面劃4道2.5公分長的切口。將烤盆放上烤盤，放入烤箱烤20分鐘，然後取出烤盆，將打勻的蛋汁刷在麵團表面。再烤10到15分鐘，直到麵團呈金褐色，醬汁開始冒泡，熱氣從切口冒出。從烤箱取出後趁熱上菜。

4到6人份

SAVORY PASTRY DOUGH

鹹油酥麵團

將麵粉、鹽與奶油放入食物調理機，開啟電源，攪切至食材形成一體。不要停止攪切，將冰水一次倒入，當麵團結成一團並不再沾黏碗的邊緣時，立即關閉電源。將麵團揉成球狀，用保鮮膜包裹，然後冷藏至少1小時，然後依指示擀麵團、烘烤。

1片25乘35公分派餅皮

336公克（約2 1/3杯）中筋麵粉

1小把鹽

225公克（2條）冷無鹽奶油，切成小丁塊

1/2杯冰水

特殊用具

食物調理機

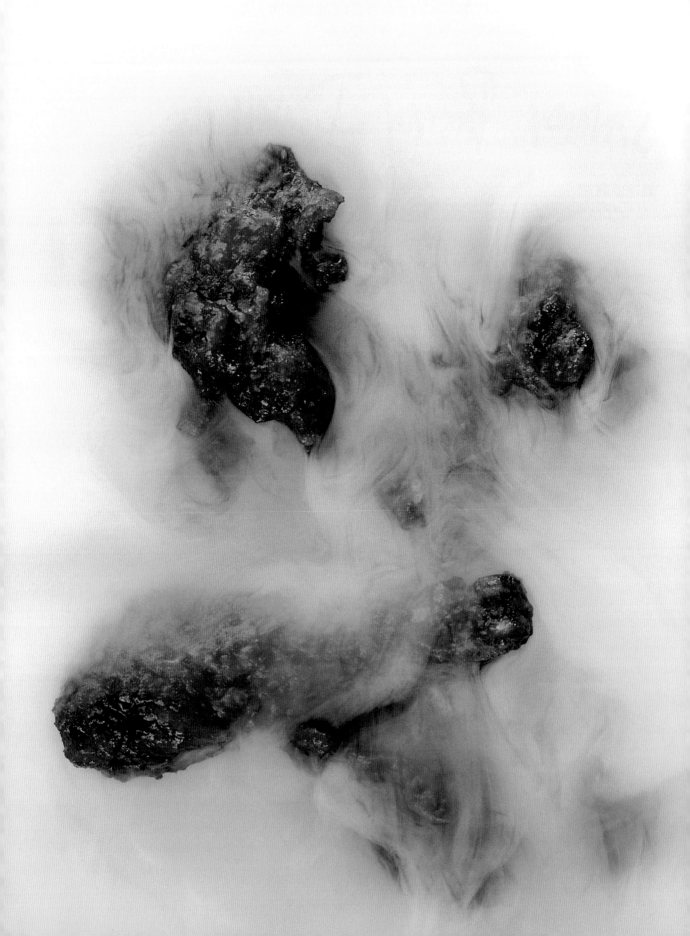

KOREAN FRIED CHICKEN

韓式炸雞

好吃的炸雞有很多種做法，我全都喜歡，不過我最迷戀的還是韓式炸雞。做韓式炸雞必須事前做好準備，但結果包準你滿意。事先油炸與冷凍的訣竅源自Mission Chinese餐廳的創始人丹尼·博溫（Danny Bowien），他做雞翅都是用這種技巧。雖然冷凍的步驟迫使你多花一天準備食材，還得清出冷凍庫的空間，但這就是炸雞變酥脆的祕訣。

一

在大攪拌碗中，將辣椒油、猶太鹽與韓國辣椒粉攪勻。放入雞肉，翻拌以確保滷汁包覆雞肉。覆蓋攪拌碗，冷藏至少30分鐘，最多1小時。

將油炸用的油倒入大型直筒深平底鍋（或其他適合炸雞的鍋具），油不應超過鍋深的一半。用中火煮至300℉（約150℃），用油炸用溫度計監測油溫。

將馬鈴薯粉倒入淺碗，分批從滷汁中取出雞肉，讓多餘的滷汁滴乾，然後將雞肉放入馬鈴薯粉中翻拌，讓粉包裹雞肉。

滷汁
1杯辣椒油（roasted chili oil）
1/4杯猶太鹽
1大匙中／細研磨的韓國辣椒粉

炸雞
1800公克雞腿肉，大腿肉與雞腿分離
約4公升花生油或大豆油，油炸用
1杯馬鈴薯粉或木薯粉

醬汁
1杯韓國辣椒醬
8瓣蒜頭
1/2杯純楓糖漿
1大匙醬油
2小匙魚露
1/4杯韓國清酒
1/4杯Frank's辣椒醬
2小匙味精（非必要，但建議使用）

上菜用
韓式醃蘿蔔（請見第265頁）

特殊用具
油炸用溫度計或煮糖溫度計
2張墊了報紙的烤盤
2個冷卻架，各與烤盤尺寸相近
食物調理機或手持式攪拌器

將冷卻架擺在墊了報紙的2張烤盤上。

分批小心將雞肉放入熱油，每一面在油中炸6到8分鐘，時間到就翻面。炸完後，雞肉應不透明，約75％熟。（如果你不確定它熟了沒，可以切開一塊雞肉看看內部的熟度。）用鐵夾或大漏勺將雞肉放上冷卻架，繼續炸完所有的雞肉。

待雞肉完全冷卻後，移至乾淨烤盤上（或取走其中1張烤盤的冷卻架並丟棄報紙）。用保鮮膜緊緊包裹烤盤，冷凍8小時或放隔夜。

隔天，在食物調理機中混合韓國辣椒醬、蒜頭、楓糖漿、醬油、魚露、韓國清酒、Frank's辣椒醬，如果有的話也放入味精，充分攪拌。這是炸雞第二次油炸後，用來刷在雞肉表面的醬汁。

從冷凍庫取出雞肉，烹調前約1小時拆開保鮮膜。

將油炸用的油放入平底鍋或深鍋，油的高度不超過鍋深的一半。用中火加熱至350°F（約180℃），同樣用油炸用溫度計監測油溫。準備墊了報紙的烤盤與冷卻架。雞肉分小批油炸10到12分鐘，視情況在熱油中翻動，直到表面呈金褐色。將炸好的雞肉放在冷卻架上瀝乾並稍微冷卻，接著用烘焙刷在炸雞表面塗滿醬汁。搭配韓式醃蘿蔔與啤酒上菜。

6到8人份

CAST-IRON GRILLED CHICKEN

鑄鐵炙烤雞肉

在紐約市很難找到戶外烤肉架或安全烤肉的空間，但不管是誰都可以用鑄鐵烙烤盤炭烤食物。雞腿肉本身就嫩，可以容許烹調上的些微失誤，也不一定要用到滷汁，所以你就算直接撒鹽與胡椒調味後丟到熱燙的鑄鐵烙烤盤上，也可以做出不錯的炙烤雞肉。不過這邊用優格滷汁的優點是，一些平時容易燒焦的辛香料與香草可以加入醬料，增添炙烤雞肉的風味，而且用優格浸泡過的雞肉口感很接近路邊攤的烤雞，吃完又不會狂拉肚子。

—

在中型攪拌碗中，將優格、橄欖油、孜然粉、小豆蔻、奧勒岡草與黑胡椒攪勻。將雞肉放入夾鏈袋或有蓋且不怕酸的容器，將優格混合食材倒在雞肉上，確保每一塊雞肉的每一面都均勻沾附到醬料。密封後冷藏至少2小時，最多24小時。

烤箱預熱至400°F（約205℃）（如果你用的是戶外烤肉架，那就點火）。從冰箱取出雞肉，室溫靜置約15分鐘。用1到2大匙菜籽油塗抹烙烤盤表面，根據烙烤盤的尺寸調整油量。開始大火加熱烙烤盤，當你看到表面浮動的熱流，就代表烙烤盤溫度已夠高。差不多該開啟廚房的抽油煙機和其他電扇了。

從醬料取出雞肉，讓多餘的汁液滴乾，然後用擦手紙將雞肉輕輕拍乾，撒上大量的鹽調味。將雞肉放上熱燙的烙烤盤，靜置烤6到7分鐘，直到雞肉出現明顯的烤盤條紋。用鐵夾將雞肉翻面，另一面烤約5分鐘，接著將烙烤盤連同雞肉放入預熱好的烤箱，烤約10分鐘。雞肉最厚的部位內部溫度應達150°F（約65℃）。從烤箱取出雞肉，靜置數分鐘。可搭配Frank's辣椒醬，可完整或切片上菜。

4到6人份

1 1/2杯原味全脂優格

1/4杯橄欖油

1大匙孜然粉

15個小豆蔻果莢，壓碎

1大匙乾燥奧勒岡草

1小匙現磨黑胡椒

900到1125公克的去骨、
　去皮雞腿肉

1到2大匙菜籽油或葡萄籽
　油，刷炙烤架用

適量的鹽

Frank's辣椒醬（非必要）

特殊用具

鑄鐵烙烤盤或烤架

料理用溫度計

POULET "EN VESSIE": HOMMAGE A MÈRE BRAZIER

「膀胱」雞：向 Mère Brazier 餐廳致敬

1小條韭蔥，只保留白色與淺綠
　色部分

1根中型大小的紅蘿蔔，削皮後
　切成3塊

1根芹菜，切成3塊

3瓣蒜頭，剝皮

1杯乾白酒

1枝百里香

1小匙鹽，可按口味加量

1小匙白胡椒粒

適量的現磨白胡椒

4顆夏季黑松露

1隻布列斯雞或其他高級雞（約
　1.6公斤），未去除雞爪為
　佳，切除雞翅最尖端的小關節

4大匙（1/2條）無鹽奶油

適量的現磨黑胡椒

1杯高脂鮮奶油

112公克肥肝

特殊用具

有蓋平底鍋或其他有蓋且形狀
　類似的鍋具，以及裝得下整隻
　雞的蒸籃

185公分的棉質紗布

棉繩

攪拌機

這道是法國經典菜餚，由里昂名震四方的Mère Brazier餐廳做到淋漓盡致。原版膀胱雞是將塞滿松露的雞塞入豬膀胱蒸煮，非常麻煩；由於豬膀胱愈來愈難買到，我在此獻上改良版膀胱雞。

這是鋪張與簡約的完美組合，基本上就是蒸煮雞——但絕對是與眾不同的蒸煮雞！

如果你沒把這道菜搞砸，一定能讓客人目瞪口呆。

—

在大型厚底湯鍋中，放入韭蔥、紅蘿蔔、芹菜、蒜頭、乾白酒、百里香、1小匙鹽、白胡椒粒，以及2公升冷水，這就是你的調味汁。煮至沸騰，然後維持沸騰的溫度煮15分鐘。用篩子過濾，將湯汁倒入有蓋平底鍋。

將1顆松露切成厚片——你需要足以蓋住雞胸的片數。將松露片塞到雞胸的皮下，再將1大匙奶油塞入兩側雞胸的皮下。將鹽與黑胡椒撒在雞的體腔，將雞翅膀與腳紮緊，然後用棉質紗布包裹整隻雞，最後用棉繩固定。將調味汁煮至沸騰，再降至即將沸騰偏高的溫度。將雞放入蒸籃，在鍋中蒸到全熟，約45到50分鐘。靜置10分鐘再開始切肉。

靜置雞肉的同時，準備醬料。在攪拌機中，攪勻1/2杯熱燙的調味汁、剩下2大匙奶油、高脂鮮奶油、肥肝，以及切塊的1.5到2顆松露（留一些最後裝飾用）。用鹽與胡椒調味，打成滑順的泥狀。將醬料移至小型厚平底深鍋，若太濃稠可再加調味汁。溫和加熱，準備上菜。

將雞肉切塊，淋上醬料，用松露片裝飾後上菜。

4到6人份

ROASTED QUAIL WITH POLENTA

烤鵪鶉佐波倫塔

認識我太太歐塔維雅（Ottavia）之後不久，我問了她一些關於她義大利老家的問題。「所以……那個區域的特產是什麼？我是說食物。」

她像看笨蛋似的瞅著我，對我說：「什麼意思？夏天我們吃湖裡的魚，冬天我們吃山上的鳥！」

後來，我第一次造訪加爾達湖，岳父帶全家人去一間很受當地人歡迎的農莊民宿。他們用炙叉將獵禽串起來炭烤，然後擺在堆成土墩似的波倫塔（polenta，義大利玉米粥）上端出來。每一堆波倫塔頂端都有小心塑造的小凹洞，用來盛裝烤鵪鶉的油脂與汁液。

—

6杯深色萬用高湯（請見第274頁）
1杯義式玉米粉（又稱「粗粒玉米粉」）
6大匙（3/4條）無鹽奶油
8隻完整的鵪鶉（每隻約112公克）
適量的鹽與現磨黑胡椒
8枝新鮮迷迭香
8枝新鮮百里香
1杯刨碎的帕馬森起司
2大匙特級冷壓橄欖油
1杯大致切碎的新鮮香芹葉

特殊用具
可安全地用瓦斯爐加熱的烤肉盤，鑄鐵為佳

將5杯高湯與玉米粉放入大碗，稍微攪拌後覆蓋，冷藏至少4小時，最多12小時。（你也可以跳過這一步，但等等就會煮更久——從30分鐘變成快60分鐘。看你囉。）

烤箱預熱到500°F（約260℃），預熱的同時（可能會花20到30分鐘），在小型平底深鍋中加熱4大匙奶油，使奶油融化。將鹽與胡椒撒在每隻鵪鶉體腔內，再各塞入1枝迷迭香與1枝百里香。用烘焙刷將融化的奶油刷在鵪鶉表面，然後將鹽與胡椒撒在鵪鶉表面，再將鵪鶉放上可安全用瓦斯爐加熱的烤肉盤，放在一旁。鵪鶉熟得很快，所以你必須先開始煮波倫塔，到時候所有食材才會同時完成，不會有些冷有些熱。

從冰箱取出玉米粉與高湯，放入大型厚底燉鍋。稍微攪拌一下，煮至沸騰，然後降至即將沸騰的溫度燉煮約15分鐘，偶爾攪拌。將鵪鶉放入預熱的烤箱。再燉煮並攪拌波倫塔5分鐘。轉動烤鵪鶉的烤肉盤，也移動鵪鶉擺放的位置，確保鵪鶉肉均勻受熱。讓鵪鶉再烤5分鐘，繼續攪拌波倫塔。從烤箱取出鵪鶉，靜置5到10分鐘，將波倫塔煮完。

一旦波倫塔變得軟嫩、似乳脂狀，並且吸收所有液體後，拌入剩下2大匙奶油與起司，用木匙充分打勻。試吃後用鹽調味，接著關火，將波倫塔擺在上菜用的淺盤中心。用湯勺在波倫塔中間做出類似火山口的凹洞，然後將烤鵪鶉擺在淺盤邊緣的波倫塔上。

將烤肉盤放在瓦斯爐上，開中小火。拌入剩下的高湯與油脂，煮到部分水分蒸發、醬汁稍微黏著在木匙背面。用適量的鹽與胡椒調味，然後將「火山口」倒滿熱燙的醬汁。將香芹撒在整個淺盤上，附上餐巾一同上桌。

4到8人份

PAN-ROASTED DUCK WITH RED CABBAGE

紫甘藍佐煎鴨

切勿將鴨胸煮得過熟。你可以前一天準備紫甘藍，放隔夜之後味道比較可口。

—

用主廚刀或剔骨刀從鴨的兩側切下鴨胸（帶翅膀關節），切除翅膀尖端的部分，留著做鴨肉高湯，並將鴨菲力留著做醬汁。用刀在鴨胸部位的鴨皮上劃「X」形，小心別切割鴨肉。

取下鴨兩側的整條鴨腿（包括大腿），將剩餘的鴨與鴨翅尖端留著熬湯。

在小碗中，混合1 1/2大匙鹽、1小匙黑胡椒、切片的蒜頭、迷迭香、鼠尾草與月桂葉。將此混合食材塗抹在所有鴨肉塊表面，加蓋後冷藏至少2小時，最多24小時。

烤箱預熱至300°F（約150℃）。從冰箱取出鴨腿，沖洗掉表面的鹽與香草後輕輕拍乾。用中火加熱耐高溫深煎鍋，放入鴨腿，鴨皮面朝下，每一面煎5到7分鐘。翻動鴨腿，使鴨皮面朝上。用鋁箔紙覆蓋深煎鍋，放入烤箱烤1.5到2小時，然後打開鋁箔紙，將鴨腿翻面後再烤30分鐘，直到鴨皮酥脆、鴨肉非常軟嫩。

煎鴨

1隻完整的麝香鴨（約1800公克）

1 1/2大匙猶太鹽，可按口味加量

1小匙現磨黑胡椒，可按口味加量

6瓣蒜頭，剝皮後切片；再加上2瓣蒜頭，剝皮後切碎

2枝新鮮迷迭香

6到8片新鮮鼠尾草葉片，大致切碎

2片乾月桂葉，捏碎

1大匙無鹽奶油

2顆紅蔥，剝皮後切碎

8到10朵洋菇，切丁（約2杯）

1大匙中筋麵粉

1/3杯乾紅酒

2杯小牛肉高湯、鴨肉高湯，或深色萬用高湯（請見第274頁）

紫甘藍

225公克平板培根，切成夾心用肥肉

1大顆黃洋蔥，剝皮後切薄片

1/2小粒紫甘藍，去核後細切（約5杯）

適量的鹽與現磨黑胡椒

1 1/2杯乾紅酒

1/4杯紅酒醋

1小匙葛縷子籽

1/2小匙多香果粉

2小匙糖

2條肉桂

1片乾月桂葉

1枝新鮮迷迭香

1枝新鮮鼠尾草

特殊用具

12.5乘12.5公分的棉質紗布

棉繩

料理用溫度計

鴨腿烤到最後1小時的時候，開始準備紫甘藍。用中火加熱另一個深煎鍋，放入培根，中火煮至大部分的油脂融出，且培根呈金褐色。將洋蔥放入培根的油脂，用中火煮至洋蔥柔軟且半透明，但尚未變褐色。放入紫甘藍，用鹽與胡椒調味，然後中大火煮至甘藍開始萎軟，約5分鐘。將火調大，拌入乾紅酒與紅酒醋，煮至沸騰並繼續煮到一半的湯液蒸發。放入葛縷子籽、多香果粉與糖。用棉質紗布做一個小袋，放入肉桂、月桂葉、迷迭香與鼠尾草，用棉繩固定後整包放入鍋中。充分攪拌，降至即將沸騰的溫度，煮到紫甘藍柔軟、香氣四溢，約30分鐘。如果混合食材顯得太乾，可以視情況加入少許的水。

燉煮紫甘藍的同時，從冰箱取出鴨胸肉，沖掉鹽與香草後輕輕拍乾。

從烤箱取出鴨腿，放在盤子上備著，並用鋁箔紙覆蓋以保溫。將烤箱的溫度設定到450℉（約230℃）。

用中大火加熱耐高溫深煎鍋，放入鴨胸，鴨皮面朝下，煎約5分鐘。放入鴨菲力，煮2到3分鐘至全熟，然後將鴨菲力取出並放在一旁。將深煎鍋放入烤箱，烤到鴨胸肉三分熟，約5到7分鐘，料理用溫度計插入鴨胸最後的部位時，應顯示135℉（約57℃）。

從烤箱取出鴨胸，將鴨胸放在砧板上靜置至少5分鐘，這時你可以準備醬汁。

在中型厚底燉鍋中，用中大火加熱奶油，直到奶油冒泡後軟化。放入紅蔥、切碎的蒜頭與洋菇，用鹽與胡椒調味。中火燉煮並經常攪拌，直到洋菇出汁且蔬菜呈漂亮的褐色，約8到10分鐘。將麵粉撒在蔬菜上，充分攪拌使麵粉包裹蔬菜，並用木匙刮除鍋巴。加入乾紅酒，繼續刮鍋底與攪拌，直到大部分的液體蒸發，應該不需要太久的時間。拌入高湯，煮至沸騰，然後煮到一半的湯汁蒸發。用篩子將醬汁過濾後倒入乾淨的小碗。將之前保留的鴨菲力切碎後加入醬汁，試吃後依個人喜好調味。

將鴨胸肉切成斜片，從關節處分離鴨大腿與小腿。將肉平分至4個餐盤，擺上一些紫甘藍，然後將醬汁淋在鴨肉上。

4人份

BRITISH STYLE PHEASANT WITH BREAD SAUCE

麵包醬佐英式野雞

英國人非常、非常擅長用老派的方法烹調獵禽。一槍射中一隻鳥的腦袋，將牠晾到發臭——然後照下述方法烹調後上菜。沒有比這更好吃的獵禽料理了。

一

將6顆丁香壓入兩塊切半洋蔥的切面，然後全放入大型厚底燉鍋。放入牛奶、月桂葉、胡椒粒與適量的肉豆蔻，煮至將近沸騰——小心注意鍋裡的狀況，因為牛奶很快就會溢鍋。關火，蓋鍋，靜置30分鐘，讓辛香料的味道融入牛奶。

浸泡牛奶的同時，在中型厚底湯鍋中裝一半的鹽水，煮至沸騰。放入甜菜與歐防風，煮到能用水果刀刺穿，歐防風煮10到15分鐘，甜菜煮15到20分鐘。將蔬菜移至冰水浴立即降溫，待食材冷卻後從冰水浴取出，將歐防風切成小條，放在一旁。

烤箱預熱至350°F（約180°C）。將鹽與胡椒撒在雞體腔內與表面，再將5枝百里香塞進每隻雞的體腔。

在大型厚底深煎鍋中，用中大火加熱2大匙奶油，直到奶油冒泡並軟化。將雞放入鍋中，每一面都用奶油燙過，雞肉在鍋中煎煮時抹上奶油，必要時再加1大匙奶油。雞肉兩面都變褐色後，移至烤肉盤上（有烤架的烤肉盤為佳），然後在每隻雞上放3片義大利培根，盡量覆蓋表面。盡可能將義大利培根的邊角塞到雞肉下，確保雞肉被完整覆蓋——這叫「披鎧甲」。將雞放入預熱的烤箱，

12顆完整的丁香

1顆白洋蔥，剝皮後對切

1公升全脂牛奶

1片乾月桂葉

1小匙黑胡椒粒

適量的現磨新鮮肉豆蔻

4棵中型大小的甜菜，削皮後視甜菜的尺寸切成4等份或6等份

8條中型大小的歐防風，削皮

適量的鹽與現磨黑胡椒

2隻完整的野雞（每隻900到1350公克），切除並保留翅膀尖端

10枝新鮮百里香

6到8大匙（3/4到1條）無鹽奶油

6薄片義大利培根

1/2杯乾紅酒

1 1/2杯獵禽高湯或深色萬用高湯（請見第274頁）

1條不那麼新鮮的白吐司，切除麵包皮後切丁

1小匙新鮮百里香葉片

1束水田芥，清洗乾淨，裝飾用

特殊用具

冰水浴（裝滿冰塊與冰水的大碗）

料理用溫度計

烤45到60分鐘，直到雞腿最厚的部位內部達155℉（約70℃），用料理用溫度計測量溫度。靜置15分鐘後再切割。

烤雞的同時，倒掉剛才燙雞肉鍋子裡的奶油，只留1大匙。將深煎鍋放回瓦斯爐大火加熱，用乾紅酒洗鍋收汁，並刮除鍋巴。酒水蒸發到只剩一半時，倒入高湯，煮至沸騰，然後再煮到一半的湯汁蒸發。拌入1/2到1大匙奶油，試吃後依個人喜好用鹽與胡椒調味，然後放在一旁，記得保溫。

接下來做麵包醬：用篩子過濾浸泡辛香料的牛奶，將牛奶倒入攪拌碗，丟棄固體食材。將牛奶倒回燉鍋，煮至即將沸騰，然後分批放入麵包丁，經常攪拌以幫助麵包解體、使醬汁更濃稠。加入1大匙奶油，充分攪拌，試吃後依個人喜好用鹽、胡椒與肉豆蔻粉調味。放到一旁，記得保溫。

從烤箱取出烤雞，靜置至少5分鐘。最後的步驟是完成蔬菜烹調。在乾淨的深煎鍋中，用中大火加熱1大匙奶油，直到奶油冒泡後軟化，然後放入先前保留的歐防風與甜菜，加入百里香葉片，大火拌炒數分鐘，直到蔬菜開始焦糖化，百里香釋出香味。用鹽與胡椒調味，然後關火。

將雞胸肉與雞腿肉分到4個餐盤上，淋上一些鍋中的醬汁。每個盤子加一些麵包醬與根莖類蔬菜，用水田芥裝飾後上菜。

4人份

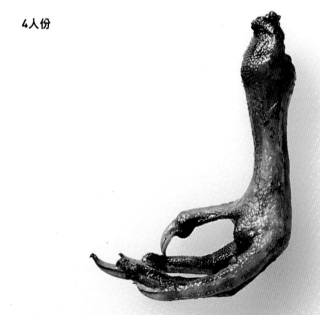

[11]
THANKSGIVING
感恩節

感恩節：戰術入門書

準備節慶大餐有時候令人壓力山大，每年十一月中到十二月底的謀殺案發生率都出奇地高，也是情有可原。一群親戚尷尬地坐在餐桌邊，其中很多人平常極少碰面，有些人長期以來相處不睦，不愉快的情緒整年下來不斷醞釀、發酵。只需一句不經大腦的發言、兩根大小不一的火雞腿，慶祝感恩節的聚會就會瞬間化成無腦的屠殺派對。當你看到人們期待的「必煮」清單時，你一定會被漫無止盡的準備工作嚇傻。組織一頓感恩節大餐簡直是噩夢。

不必擔心。以下幾份食譜**看起來**又臭又長又複雜，但只要你將感恩節的宗旨謹記在心，就不會覺得困難。這則宗旨是幫助你度過輕鬆、順利、非暴力感恩節的關鍵：你只要遵守下述的三日大作戰，準備一隻替身火雞、一隻作業用火雞，並隨時記得，感恩節真正的重點是剩菜。這場苦難結束後，客人全部回自己家，你就可以獨自一個人在家裡，抽根菸，穿內衣內褲坐在電視前，享受加熱過的火雞填料、肉汁與烤火雞三明治了。

感恩節的籌備採買與烹調工作，應該用下述方式分配：

DAY 1

第一天

● 早上（或感恩節前的週末）買齊你會用到的所有東西，有組織地存放，然後對照食譜檢查有沒有遺漏。如果真的忘了某樣東西，還有充裕的時間補買。

除了加買的火雞部位（請見下一段）、各式芳香菜類、香草、奶油、油、酒、麵包、水果、堅果與調味料之外，還有火雞本身——火雞們。你需要一隻較小的「替身火雞」，還有一隻較大的「作業用火雞」，如果你的作業用火雞還冰在冷凍庫，請立即拿出來解凍。

● **做高湯。**在這裡，多買的火雞部位就派上用場了。留下替身火雞與作業用火雞的脖子與翅膀尖端，也務必充分利用鍋中多餘的汁液，以及沾黏在烤肉盤底部的肉汁。但在你開始拿火雞胡搞瞎搞之前，你需要實實在在的火雞高湯，這代表你必須另外買一袋火雞翅與火雞脖子，總共約2到3公斤。這些多買的火

雞部位你會拿來熬湯，就是因為有高湯，火雞填料才有必不可少的「火雞味」，高湯也是所謂「肉汁」的基礎——但這「肉汁」實際上也是你自己做的醬汁。

● 室溫儲藏麵包，等麵包不新鮮後再拿來做填料。

DAY 2
第二天

● **將你的火雞高湯變成火雞醬**，如果你堅持的話，也可以做成「肉汁」。別擔心，你可以在最後一刻用鍋中的湯汁增添風味。

● **將填料準備好，加蓋後烘烤，別讓它變褐色**。明天你在烤火雞的時候，可以加入火雞油，把填料表面一小部分烤成褐色。

● **做蔓越莓醬，放冰箱冷藏**。放到明天會更好吃。

● **搞定配菜的事前準備**。修剪抱子甘藍，然後對切；如果你打算做奶油洋蔥，就先修剪小洋蔥；將平板培根切丁；把甘薯洗刷乾淨。每一樣食材都做好標記，分類放進冰箱，以便明天烤火雞時快速完成配菜。

DAY 3
第三天

● **烤（較小的）「替身火雞」**。你會把這隻火雞烤得漂漂亮亮，展示給你的客人欣賞。在它烤完冷卻時，蓋上沾溼的布、刷一層薄薄的油，確保烤火雞保有水分、油亮油亮，然後放在旁邊不礙事的地方。準備好裝飾用的食材，把火雞當展場showgirl好好妝點一番——接在火雞腿末端的花邊紙握把、華麗的水果裝飾、傳統上墊在火雞下的皺香芹葉或羽衣甘藍，還要用少許填料塞住體腔滿是骨頭的洞口。你應該用上述方法大方地裝飾這隻火雞。

- **烘烤兩隻火雞時，完成配菜。**你已經事先準備好抱子甘藍和奶油洋蔥的食材，馬鈴薯只須削皮，而甘薯不必削皮就能直接水煮。你可以在烤火雞的時候，將所有配菜料理完畢，放在瓦斯爐上，等晚餐時間將至再快速重新加熱。

- **烘烤（並支解）作業用火雞。**客人到你家時，作業用火雞應該準備完成——完全烤熟，切下火雞胸肉並準備切片，切下火雞腿部，分離大腿與小腿，將火雞翅準備好，然後全部用沾溼的布覆蓋。

- **將火雞油倒入填料，「不要」加蓋，放入烤箱烤至表層變褐色。**

- **將裝飾得華麗麗的完整「替身火雞」端出去給客人欣賞，讓客人驚嘆一番。**然後將火雞帶回廚房，大家會以為你要支解火雞。

- **在你的廚房裡，偷偷拿出準備切片的作業用火雞，開工。**切火雞肉的過程應該只需數分鐘，用一把鋒利的鋸齒刀，確保每一片火雞胸肉都帶有一條金黃色火雞皮。至於擺盤，我喜歡在淺盤中間擺一堆填料，將兩條火雞腿交叉擺著裝飾，接著將顏色較深的火雞大腿肉切片像屋瓦那樣排放，再用同樣的方法處理火雞胸肉，將肉片像撲克牌一樣擺在填料周圍。你可以依個人喜好撒上一點香芹或水田芥，完成火雞擺盤。有了作業用火雞，你不必在親戚驚恐的目光下用丟人、不純熟的刀技努力支解火雞，直接端出準備完畢的火雞肉即可。

別忘了偷偷保留一些精華部位的火雞肉。大餐結束，在你貼心地幫客人打包一些剩菜，讓他們帶回家後⋯⋯辛苦多日，你會想留一些好料的犒賞自己。

作業用火雞

the BUSINESS TURKEY

替身火雞

the STUNT TURKEY

THANKSGIVING GRAVY, STUFFING AND TURKEY

感恩節肉汁、填料與火雞

1隻小火雞（約3.6到4.5公斤）（即「替身火雞」）

1隻大火雞（約8.1公斤）（即「作業用火雞」）

共2.3公斤的火雞翅與頸部，各切成3到6塊

適量的鹽與現磨黑胡椒

1杯乾白酒

2大顆黃洋蔥，剝皮後切小丁塊

4根芹菜，切小丁塊

2大根紅蘿蔔，削皮後切小丁塊

6到8枝新鮮百里香，再加上2小匙新鮮百里香葉片

1大條白麵包

2杯乾紅酒

2顆紅蔥，剝皮後大致切塊，再加上4顆紅蔥，剝皮後切碎

2/3杯中筋麵粉，或視情況添加

少許泰式魚露（非必要）

伍斯特辣醬（非必要）

1 1/2杯剝殼的栗子

225公克（2條）無鹽奶油，可視情況加量

1/4杯切碎的新鮮鼠尾草，再加上2枝鼠尾草

450公克綜合野菇，切碎

1/3杯切碎的新鮮香芹

2大顆雞蛋，打勻

伍斯特辣醬、醬油，或Kitchen Bouquet烤肉醬（增添風味與顏色；非必要）

DAY 1: DEFROSTING

第一天：解凍

如果你買的是冷凍火雞，一回家就將火雞放冰箱冷藏，開始解凍。如果你買的是新鮮火雞，用主廚刀或家禽剪移除兩隻火雞的翅膀尖端與叉骨，然後取出頸部與體腔裡的內臟。冷藏保存內臟，晚點用來做肉汁，也將火雞放入冰箱。（如果是冷凍火雞，你晚點才會進行這些處理。）

做火雞高湯。烤箱預熱至425℉（約220℃）。將火雞翅、頸部，以及任何你能從新鮮火雞取下的部位（若適用）放在1張或更多可用瓦斯爐加熱的烤肉盤，並用鹽與胡椒調味。在烤箱中烤到食材呈棕色且飄香，約45分鐘；烤到約20分鐘時轉動烤肉盤（假如火雞翅與其他部位看起來某一面特別熟，也翻動食材），確保食材均勻受熱。完成後從烤箱取出烤肉盤。

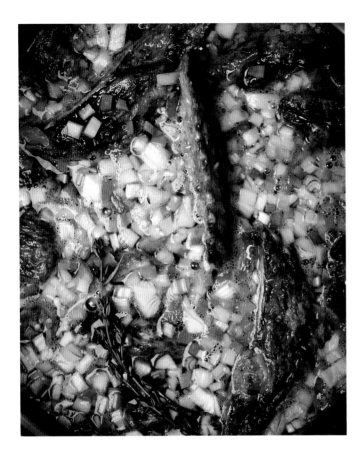

將烤好的火雞翅與骨頭移至大型厚底湯鍋，將烤肉盤中多餘的油與汁液倒入小碗或玻璃罐，加蓋後冷藏。（晚點會用這些汁液做肉汁的火雞油炒麵糊。）將烤肉盤放在瓦斯爐上中大火加熱，拌入1/2杯乾白酒，用木匙刮除盤底沾黏的肉汁。煮至酒精味消散，然後將湯汁放入放骨頭的湯鍋，再加入一半的洋蔥，以及芹菜、紅蘿蔔與4到6枝百里香。用冷水淹蓋，煮至即將沸騰的高溫**（請勿煮沸）**，然後用湯勺撈掉表面的浮渣。降至即將沸騰但適中的溫度，燉煮約5小時。

將高湯倒入寬碗，室溫冷卻約20到30分鐘，偶爾攪拌以釋放蒸氣並加速冷卻。將高湯移至1公升容量的塑膠或玻璃容器，或牢固的夾鏈袋，然後冷藏保存。如果你做得好，高湯應呈暗金褐色且濃稠。如果用2250到3150公克的火雞骨在足足15公升容量的湯鍋中燉煮，應得到約4公升的高品質高湯。

準備填料用的麵包。燉煮高湯的同時，用鋸齒刀將麵包切丁，晚點做填料用。你的目標是得到約10到12杯麵包丁。將麵包丁單層撒在烤盤上，靜置乾燥。

特殊用具

主廚刀

家禽剪（非必要）

2張（或更多）烤肉盤，至少1張可用瓦斯
　爐安全加熱，至少1張有烤架

鋸齒刀（彎形鋸齒刀為佳）

吸球滴管

料理用溫度計

大型切肉板，有接汁液的凹槽為佳

DAY 2:
TURN YOUR STOCK INTO GRAVY

第二天：高湯變肉汁

從冰箱取出3公升的火雞高湯，倒入中型厚底鍋。放入乾紅酒與大致切塊的紅蔥，煮至即將沸騰的溫度，燉約30到45分鐘，偶爾攪拌，直到一半的湯汁蒸發。將混合食材過濾倒入碗裡，丟棄紅蔥，然後將湯汁倒回鍋中。

取出昨天裝火雞油與汁液的容器，刮下約2/3杯的火雞油（它會在冰箱裡自動與汁液分離）。（必要時，可以添加奶油。）將火雞油放入中型厚底鍋。量2/3杯的麵粉。將攪拌器與木匙放在手邊，用中火將火雞油加熱至熱燙，然後將麵粉撒在油裡，用攪拌器攪拌成火雞油炒麵糊。換用木匙，繼續中火煮1到2分鐘，攪拌到麵粉微焦並釋出香味。用攪拌器拌入高湯與紅酒的混合液，刮掉鍋底所有的麵糊。混合食材沸騰後，降至即將沸騰的溫度，繼續攪拌，直到肉汁濃稠到足以沾附在木匙背面。

試吃後依個人喜好用鹽與胡椒調味。有些人喜歡用一點魚露，我也推薦這種做法。如果你的客人情感上「需要」顏色較深的肉汁，你可以用一些伍斯特辣醬、醬油或Kitchen Bouquet烤肉醬將顏色調深。明天，你可以用火雞烤肉盤上的汁液增添肉汁的風味。

做火雞填料。烤箱預熱至375℉（約190℃）。從冰箱取出剩餘的1公升高湯，在中型燉鍋中煮至即將沸騰的溫度。關火，加蓋保溫。

將栗子單層鋪在烤盤上，在烤箱中烘烤到栗子呈褐色且釋放香味，約10分鐘。從烤箱取出烤盤，靜置冷卻約5分鐘，然後切成中等粗糙的小塊，類似切碎的核桃。將栗子放入大攪拌碗，再放入麵包丁。

在大型深煎鍋中，用中大火加熱4大匙奶油，直到奶油冒泡並軟化。放入切碎的紅蔥與剩下的洋蔥、芹菜，嫩煎至食材半透明且釋放香味，約3到5分鐘。用鹽與胡椒調味，接著拌入百里香葉片與切碎的鼠尾草。繼續煎1到2分鐘，直到香草釋放香味，然後將混合食材移至盛裝栗子與麵包丁的攪拌碗。

在同一個深煎鍋中加熱4大匙奶油，直到奶油冒泡後軟化。放入綜合菇類後嫩煎，用鹽與胡椒調味並經常攪拌，直到菇類釋出汁液，且汁液煮乾。用剩餘的1/2杯乾白酒洗鍋收汁，刮掉鍋底微焦的菇類。將菇類與蒸發後剩的酒也倒入攪拌碗。

將2大匙奶油塗抹在另一個烤肉盤上。

將香芹、蛋汁與溫熱的高湯也放入攪拌碗，溫和攪拌以混合所有食材，但別將食材壓密。將混合食材放入塗了奶油的烤肉盤，用鋁箔紙覆蓋後放入烤箱，烤約45分鐘。從烤箱取出烤肉盤，移除鋁箔紙後靜置冷卻約15分鐘，再用鋁箔紙緊緊覆蓋，放冰箱冷藏。明天，你再加入烤火雞的醬汁，將填料的表面烤成褐色。

烤火雞填料的同時，**做蔓越莓醬（請見第209頁）**。順便準備抱子甘藍（請見第215頁）與奶油洋蔥（請見第211頁）。

DAY 3:

第三天

烤作業用火雞。 烤箱預熱到425℉（約220℃）。如果你還沒處理作業用火雞，切除翅膀尖端，移除頸部與叉骨；你可以冷凍保存這些火雞部位，下次熬湯用。將作業用火雞與替身火雞的內臟放入中型燉鍋，倒入冷水直至半滿，然後煮至沸騰。

將2到3大匙奶油塗抹在作業用火雞表面，然後將鹽與胡椒撒在火雞內外。將火雞放上有烤架的烤肉盤，倒入2杯水，然後放入烤箱烘烤。定時轉動烤肉盤，並且用吸球滴管吸取烤肉盤底的火雞油與汁液抹上雞肉。1隻約8公斤重的火雞完全烤熟需要將近4小時，將料理用溫度計插入火雞腿最厚的部位時，應顯示165℉（約75℃）。

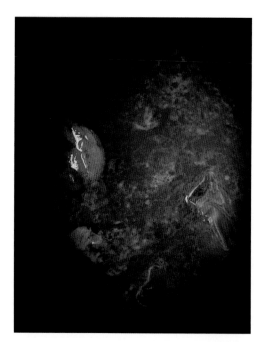

火雞內臟煮滾了嗎？很好，再煮5分鐘，接著瀝乾、將水倒掉。清洗燉鍋，再放入火雞內臟，以及剩餘的百里香與鼠尾草，用冷水淹蓋，然後在烘烤火雞的同時，用比即將沸騰略低的溫度燉煮內臟。從烤箱取出作業用火雞前約15分鐘，從鍋中取出火雞內臟，過濾並倒掉煮內臟用的水。在中型深煎鍋中，用大火加熱2大匙奶油。用鹽與胡椒調味火雞內臟，然後放入熱奶油中燙至金褐色。從鍋中取出火雞內臟，切小丁塊後放在一旁。

作業用火雞烤完後，將火雞取出，放在切肉板上靜置至少15到20分鐘。將烤肉盤上的汁液與火雞油倒入碗或玻璃瓶。

烤作業用火雞的同時，**完成奶油洋蔥（請見第211頁）與抱子甘藍（請見第215頁）。** 完成甘薯（請見第214頁），如果還有時間，也將馬鈴薯泥（請見第210頁）完成。

烤（較小的）「替身火雞」。 將2大匙奶油塗抹在替身火雞表面，然後將鹽與胡椒撒在火雞內外。將替身火雞放上有烤架的烤肉盤，倒入約2杯水，然後放入烤箱烘烤。定時轉動烤肉盤，並

且用吸球滴管吸取烤肉盤底的火雞油與汁液抹上雞肉。1隻4.5公斤重的火雞完全烤熟需要約2.5小時，將料理用溫度計插入火雞腿最厚的部位時，應顯示165℉（約75℃）。從烤箱取出替身火雞後靜置15分鐘，接著小心將火雞擺在上菜用的淺盤上，依個人喜好裝飾。將烤肉盤上的火雞油與汁液，倒入盛裝作業用火雞的油與汁液的容器。

做完之前未完成的配菜。從冰箱取出填料，讓填料退冰。將烤箱設定到425℉（約220℃）。

支解作業用火雞。從最上面的關節切除兩條火雞腿，分離大腿與小腿，然後撕或切下火雞肉。用刀沿火雞胸中間的胸骨兩側切下，繼續切到肋骨，輕輕從兩側切除火雞胸的肌肉。將所有的火雞肉放上烤盤，用乾淨的溼布覆蓋，放在多事的客人看不到的地方。

將火雞油、汁液與內臟倒入填料。將先前煮好的內臟拌入火雞填料，再加入足以讓填料表面反光的火雞油與汁液。將沒有加蓋的填料放入烤箱，烘烤約15到20分鐘，直到填料邊緣發出嘶嘶聲，表面呈褐色。

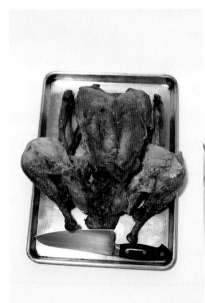

將替身火雞呈現給客人看，接受眾人的讚揚與驚歎之後，回廚房完成最後的工作。你可以找一位值得信任的共犯，一起完成工作。用烤箱或瓦斯爐溫和加熱所有配菜與肉汁，可以在肉汁即將沸騰時，拌入一些預留的火雞油與汁液。小心將火雞胸切片，確保每一片肉都有一條火雞皮。將填料堆在上菜用淺盤的中間，將火雞大腿肉擺在填料周圍，再將火雞胸肉像瓦片一樣擺在腿肉之上，排成漂亮的花樣。將淺盤端出去，和肉汁與所有配菜一起上菜。

10到12人份，會有剩

CRANBERRY RELISH

蔓越莓醬

這非常好吃，而且只要有食物調理機，你會覺得它是全世界最簡單的一道菜。蔓越莓醬的含糖量驚人，但你不該因此卻步。過節嘛。

—

在溫水下充分清洗柳橙外表，擦乾後將果皮、白絡、果肉全部大致切塊。將柳橙連同蔓越莓放入食物調理機，間歇攪切，直到混合食材變成小顆粒。將混合食材放入中型攪拌碗，用鍋鏟拌入糖。試吃，如果你被蔓越莓酸到耳鳴，就加入更多糖。加蓋後隔夜冷藏，讓滋味混融、顏色變得更鮮豔。可室溫或微涼上菜。

當作配菜為8到12人份

1大顆柳橙

336公克（3杯）新鮮蔓越莓

1杯糖

特殊用具

食物調理機

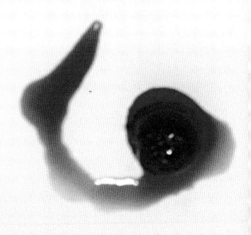

MASHED POTATOES, KIND OF ROBUCHON STYLE

類侯布雄式馬鈴薯泥

1公斤育空黃金馬鈴薯（約6到8
　大顆馬鈴薯），削皮後對切
2大匙鹽，可按口味加量
450公克（4條）無鹽奶油，切丁
1/3杯高脂鮮奶油

特殊用具
薯壓器或研磨過濾器

這並不是喬爾‧侯布雄（Joël Robuchon）的馬鈴薯泥祕方。雖然我確實曾聽為他工作過的廚師分享，但他們逼我發誓永遠不可以說出去，如果我把馬鈴薯泥的祕方說給你聽，等等就只能殺你滅口。況且侯布雄的名聲實在太恐怖，我也不知道那些廚師說的是否完全真確。我只知道他加了**非常多奶油**——我也確信侯布雄的馬鈴薯泥祕方太難、太複雜，不是你（或我）能在家獨自完成的簡易料理。儘管如此，這份食譜會大致（非常粗略地）模仿這由幻夢（及喬爾‧侯布雄式馬鈴薯泥）構成的縹緲奶油懸浮體。

—

將削皮的馬鈴薯放入中型鍋，用冷水淹蓋，拌入鹽之後煮至沸騰。繼續煮到能用水果刀輕易刺穿馬鈴薯，約15到20分鐘。時時注意鍋裡的狀況；煮過頭的馬鈴薯只能以「災難」形容。

用濾盆將馬鈴薯瀝乾，靜置冷卻約3分鐘。用薯壓器將馬鈴薯壓碎，再放回熱燙的鍋子，中火加熱馬鈴薯並用木匙攪拌，直到冒蒸氣。一次放入1/4的奶油丁，攪拌到大部分的奶油都被吸收，再放入下一批。

奶油融入馬鈴薯泥之後，加入高脂鮮奶油，視情況用鹽調味，再用攪拌器用力攪拌使之蓬鬆。立即上菜

當作配菜為4到8人份

CREAMED PEARL ONIONS

奶油珍珠洋蔥

這是我家感恩節大餐的經典料理。給珍珠洋蔥剝皮確實非常麻煩，但只要先用滾水燙過，你的工作就會簡單得多。

—

烤箱預熱至375℉（約190℃）。

將鹽、黑胡椒粒與乾月桂葉放入大型燉鍋，用冷水淹蓋，煮至沸騰。放入珍珠洋蔥，讓水滾1到2分鐘，然後用大漏勺或鐵夾從熱水取出珍珠洋蔥（別把水倒掉，你等下還會用到）。將珍珠洋蔥放入冰水浴，讓洋蔥變得更容易處理。用手使洋蔥皮滑脫後丟棄洋蔥皮，再將珍珠洋蔥放回熱水。用即將沸騰的溫度燉煮約8到10分鐘，直到能輕易用水果刀的刀尖刺穿洋蔥。從熱水中取出洋蔥（你現在可以把水和辛香料倒掉了），放上烤盤。

將攪拌器與木匙備在手邊，等會你做奶油炒麵糊與白醬的時候，會一直交替使用這兩種工具。

在中型燉鍋中，用中小火加熱奶油，直到奶油冒泡並軟化，然後用木匙拌入麵粉，確保它完全融入。拌炒約3分鐘，再用攪拌器拌入牛奶。換回木匙，刮除並壓碎黏在鍋底的麵粉塊。用鹽與胡椒調味，放入百里香與鼠尾草，繼續邊煮邊攪拌，直到白醬濃稠到沾黏在木匙背面，約3到5分鐘。將白醬倒在珍珠洋蔥上，放入烤箱烤到冒泡且邊緣呈褐色，約15到20分鐘。

當作感恩節配菜為6到8人份

1大匙鹽，可按口味加量

1小匙黑胡椒粒

1片乾月桂葉

450公克珍珠洋蔥

2大匙（1/4條）無鹽奶油

2大匙中筋麵粉

1 1/3杯全脂牛奶

適量的現磨黑胡椒

1/4小匙切碎的新鮮百里香葉片

3片新鮮鼠尾草葉片，切碎

特殊用具

冰水浴（裝滿冰塊與冰水的大碗）

CANDIED SWEET POTATOES

蜜汁甘薯

1350公克甘薯（約6到8大顆甘薯），
　大致尺寸相近，切成4等份
6大匙（3/4條）無鹽奶油
1杯黑糖，壓成塊狀
1/3杯蘋果酒
少許的鹽
1/4杯波本威士忌

把他媽的棉花糖放回去。

—

烤箱預熱至375℉（約190℃）。

將甘薯放入中型鍋，用冷水淹蓋。煮至沸騰，然後降至即將沸騰的溫度，燉煮15到20分鐘。這時甘薯應該全熟了，但無法輕易用叉子刺入。瀝乾，一旦甘薯冷卻至不燙手，就剝去甘薯皮，切成2.5公分塊狀。

將1大匙奶油塗抹在足以單層平鋪所有甘薯塊的烤肉盤上，接著擺上甘薯。

將剩餘的5大匙奶油與黑糖放入小型平底煎鍋，加熱融化之後，用攪拌器拌入蘋果酒、鹽與波本威士忌。放在瓦斯爐上加熱、冒泡1分鐘，然後將混合食材淋在甘薯上，溫和翻拌以確保奶油等混合食材完全包裹甘薯。放入烤箱烘烤約40分鐘，每10分鐘用木匙攪拌甘薯並轉動烤肉盤，直到甘薯變得非常柔軟且汁液如糖漿般濃稠。

當作配菜為8人份

BRUSSELS SPROUTS WITH BACON

培根抱子甘藍

感恩節吃什麼沙拉。桌上只要擺這道綠色的菜就夠了。

一

將培根與1/4杯水放入大型厚底深煎鍋，煮至沸騰。降至中大火，繼續煮到所有的水沸騰，培根呈褐色且脂肪融出，偶爾用木匙攪拌以確保培根均勻受熱。一旦培根呈漂亮的褐色，用鐵夾將培根移至墊了報紙的盤子瀝乾。

估算深煎鍋中的培根油量；你等等煮抱子甘藍需要約3大匙油，如果鍋中的油量太多就倒掉多餘的油脂。

將抱子甘藍與1/3杯水放入深煎鍋，翻拌抱子甘藍以確保它被培根油均勻包裹，煮15到20分鐘，時常攪拌，直到抱子甘藍呈褐色且軟嫩。放入奶油，加熱翻炒以包裹抱子甘藍，試吃後，視情況用鹽與胡椒調味。放入煮好的培根與檸檬汁，再次加熱翻炒，然後上菜。

當作配菜為8人份

337公克平板培根，切成2.5公分丁塊

900公克抱子甘藍，修剪底部，沿長邊對切

1大匙無鹽奶油

適量的鹽與現磨黑胡椒

1/2顆檸檬的汁液（約1大匙），或按個人
　　口味添加

特殊用具

墊了報紙的盤子

[12]
MEAT
肉

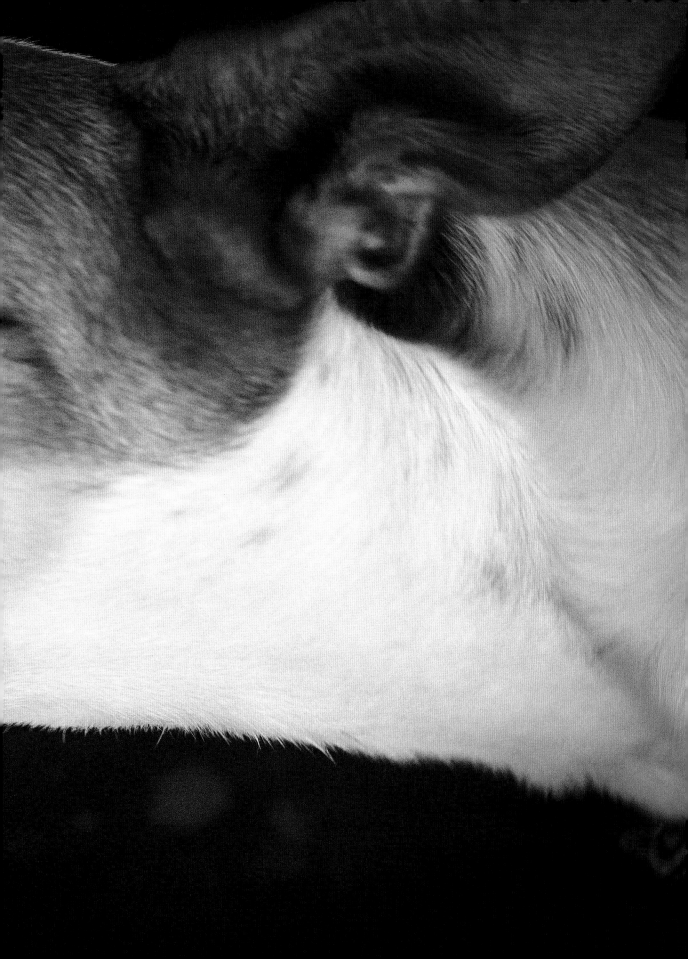

BIG FUCKING STEAK

超他媽大牛排

慎選你的牛排。假如你要買肋眼排或帶骨肋眼排，堅持叫老闆給你靠近腰的部位，那裡結締組織比較少。但如果你想買沙朗牛排，同理，買靠近肋骨的部位。看看那塊肉上有沒有像大理石紋路的油花——那些白色脂肪應該波狀分布在肌肉組織上。

看到「草飼」這個詞要小心，雖然這原則上是好事，但一頭完全只吃草的牛體脂肪比例一定較低，油花也一定較少。比較好的做法，是請肉店老闆給你草飼後穀飼催肥的牛肉。

遇到「美國和牛」和「神戶牛」你也得小心，因為這些通常只是行銷話術與騙笨蛋的手法。

真正的神戶牛其實**超肥**、**超多汁**，作為主菜用的牛排可能**太超過了**。一、兩百公克即可！

至於怎麼料理牛排，完全是你的選擇：你可以炙烤或用事先預熱的鑄鐵平底煎鍋煎牛排，抹上奶油後放入400℉（約205℃）的烤箱烤熟。

但無論如何，不管你怎麼抵達最後的終點（或在即將完成的階段），**在戳、切或用任何方式動它之前，先靜置！**

將牛排放在切肉板上靜置整整5分鐘**再**切片——記得以垂直牛肉的紋理下刀。

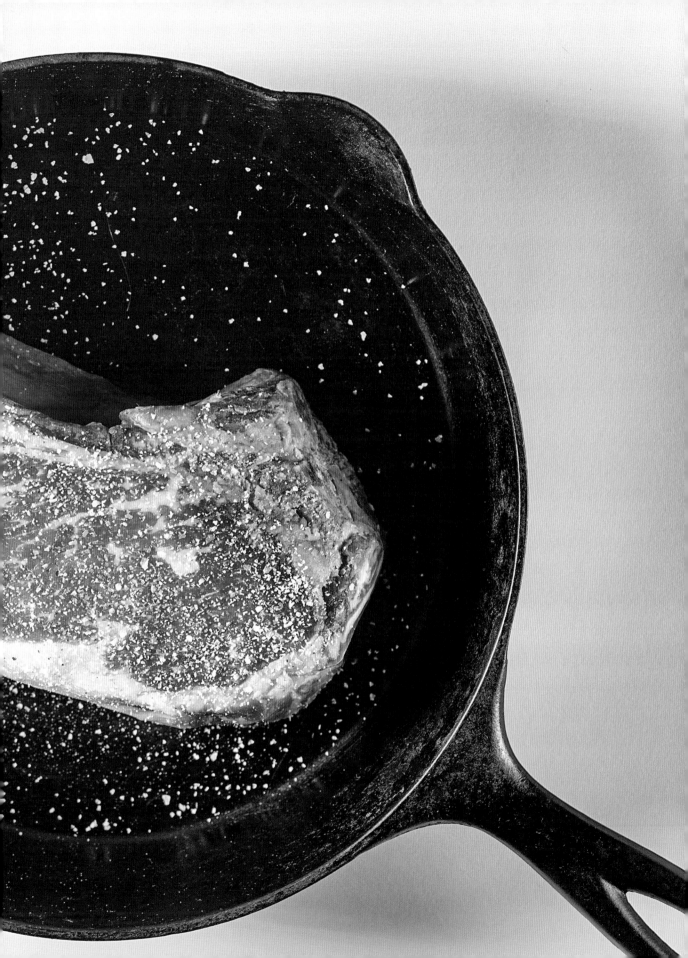

BRAISED PORK SHOULDER WITH FRIED SHALLOTS AND PICKLED VEGETABLES

炒紅蔥、醃菜與紅燒豬蹄膀

1塊完整或2半塊豬蹄膀或上肩肉，
　帶骨（共3.5到4公斤）

2大匙鹽，可按口味加量

適量的現磨黑胡椒

2 1/4到2 1/2杯花生油

1大顆黃洋蔥或白洋蔥，剝皮後切塊

20瓣蒜頭，剝皮

10到12片新鮮薄薑片

1/2杯米醋

1杯醬油

3杯可樂

1/4杯赤味噌

1顆紅洋蔥，剝皮後切薄片

4條中型大小的小黃瓜或2條英國大
　黃瓜，削皮後切片

1 1/2杯白醋

1 1/2杯水

1/4杯糖

4大顆紅蔥，剝皮後切薄片

煮熟的糯米

辣醬

特殊用具

墊了報紙的盤子或烤盤

我只有對抗宿醉時才會搭配超辣宮保雞丁**喝**可樂，這種飲料完全沒有存在的必要。但是——作為紅燒肉的原料，尤其混合醬油、醋、蒜頭與洋蔥，它實在是魔法食材。在國外買廉價中國料理，只要訂單金額夠大，店家很可能會附贈可樂。你可以把那幾罐可樂留著下次做紅燒肉。

注意：這道紅燒豬蹄膀和許多紅燒肉一樣，隔夜泡在紅燒的湯汁中冷卻，風味最佳。但如果你趕時間或真的很餓，也可以跳過這個步驟。

—

烤箱預熱至300℉（約150℃）。

將鹽與胡椒撒在豬蹄膀的每一面。在大型可烘烤燜鍋中，用大火加熱1/4杯花生油至七成熱，放入豬蹄膀，煎至每一面都呈金褐色。如果你用的是兩塊切半的豬蹄膀，可能煎到一半會開始冒煙或變褐色，這時你必須將熱油倒掉，換新的油。

一旦豬蹄膀煎好，用鐵夾從鍋中取出，放在一旁。倒掉燜鍋中的油，只留1大匙，然後放入黃洋蔥、蒜頭與薑片，攪拌以確保食材被熱油包裹，必要時可加入更多油，以免蔬菜燒焦或沾鍋。用鹽調味蔬菜，幫助蔬菜出汁，然後用木匙刮除鍋巴。蔬菜呈褐色且開始變軟時（應該只需幾分鐘），拌入米醋、醬油、可樂與赤味噌，你必須用木匙或鍋鏟將味噌塊搗碎，幫助它融入汁

液。煮至沸騰，讓液體蒸發約5分鐘。將豬蹄膀放回燜鍋，蓋鍋後放入烤箱燜至少4小時，或直到用叉子刺肉時感受到極度軟爛的手感。

從烤箱取出豬蹄膀，開鍋後讓豬蹄膀在紅燒的湯汁中冷卻。用洗得非常乾淨的手分離豬蹄膀的骨與肉，並將肉放入足以裝下所有的肉與過濾後湯液的乾淨容器，丟棄骨頭與豬皮（如果你打算做烤豬骨高湯或豬皮料理等菜餚，可以保留）。用篩子將紅燒的湯汁過濾後倒入裝肉的容器，丟棄固體食材。加蓋後隔夜冷藏。

準備上菜前至少1小時，將紅洋蔥與小黃瓜放入不怕酸的攪拌碗。在另一個碗裡，混合米醋、水、糖與2大匙鹽，用攪拌器攪拌至糖與鹽溶解。將此混合食材倒在小黃瓜與紅洋蔥之上，溫和翻拌後加蓋，冷藏至少1小時。

撈掉紅燒湯表面的油脂。用2根叉子將豬蹄膀撕碎，然後倒入足以添加風味並保持紅燒肉溼潤的紅燒湯汁。

在小型厚底燉鍋中，混合剩餘的2杯油與紅蔥，中大火炒至紅蔥呈褐色且變軟，約12到15分鐘。你可能需要偶爾攪拌，以免食材沾黏。用大漏勺撈出紅蔥，放在墊了報紙的盤子或烤盤上瀝乾。用鹽調味。

上菜前，用煎餅用淺鍋或鑄鐵平底鍋重新加熱豬蹄膀肉，直到肉完全煮熟且邊緣酥脆，必要時再添加少許花生油。將炒紅蔥撒在紅燒肉上面，與醃菜、糯米與辣醬一同上菜。

8到12人份

PAN ROASTED VEAL CHOP WITH WILD MUSHROOMS

煎小牛排與野菇

4塊小牛排（每塊336公克到
　392公克之間），切除肥油

適量的鹽與現磨黑胡椒

2大匙菜籽油

2大匙（1/4條）無鹽奶油

450公克綜合野菇，切薄片

4顆紅蔥，剝皮後切碎

5瓣蒜頭，剝皮後切碎

略少於1大匙的新鮮百里香葉片

1/4杯乾白酒

2大匙馬德拉酒或雪莉酒

1/2杯小牛肉高湯或深色萬用高
　湯（請見第274頁）

如果你打算做這道菜，建議你去最好的肉店買牛小排，別把你的時間和精力浪費在超市肉櫃的那些小不點牛排上——那東西放了多久、新不新鮮都沒人知道。牛小排是很細緻的東西，就和壽司一樣；在牛小排與壽司的世界，「還好」跟「很棒」的差別，等同於豐田Prius和法拉利的巨大差距。買牛小排，絕對要買品質最好的。

—

烤箱預熱至450℉（約230℃）。

開工前約20分鐘，從冰箱取出牛小排，將鹽與胡椒撒在它的上下兩面。在耐烤箱高溫的深煎鍋中，用大火加熱菜籽油，直到冒煙。將牛小排放入熱油煎3分鐘，可視情況分兩批。將牛小排翻面，第二面煎1分鐘，然後將深煎鍋放入預熱的烤箱烤6分鐘，這時候牛小排會是目標的三分熟。將牛小排移至盤子上靜置，然後開始料理野菇。

倒掉深煎鍋中的菜籽油與牛小排的油，放入奶油。大火加熱，用木匙溫和攪拌以刮除褐色鍋巴，避免燒焦。奶油冒泡並軟化後放入野菇，不時攪拌；將野菇從鍋子一邊撥到另一邊時，應該聽見細微的吱吱聲。野菇開始釋出汁液時，拌入紅蔥、蒜頭與百里香，用鹽與胡椒調味。繼續煮數分鐘，期間不時刮除鍋巴，直到野菇呈褐色且軟嫩。加入乾白酒與馬德拉酒，煮至鍋中湯汁全部蒸發且沒有明顯酒味，約3分鐘。倒入高湯，稍微攪拌，然後關火。試吃後，視情況調味。牛小排搭配野菇上菜。

4人份

CALF'S LIVER WITH BACON, LEEKS, APPLES, AND CALVADOS

培根、韭蔥、蘋果、卡巴度斯蘋果酒佐小牛肝

225公克平板培根，切成小塊

675公克小牛肝，沿短邊切成0.5到0.8
　　公分厚片

適量的鹽與現磨黑胡椒

1/2杯中筋麵粉

1到2大匙菜籽油

2條韭蔥（只保留白色部分），修剪後
　　切丁

1顆澳洲青蘋果或同樣酸的蘋果，挖去
　　果核後切丁

1/2杯卡巴度斯蘋果酒

3/4杯小牛肉高湯或深色萬用高湯（請
　　見第274頁）

1大匙無鹽奶油

馬鈴薯泥（請見第210頁）

特殊用具

墊了報紙的盤子

牛肝⋯⋯酒⋯⋯**火焰！**

—

將培根放入深煎鍋（這個鍋子要有合適的鍋蓋，你等等會用到）以中火加熱，必要時加入少許的水，不時用木匙攪拌，直到大部分的培根油融出，且培根呈淡褐色。將培根移至墊了報紙的盤子上瀝乾，倒掉鍋中的油脂，將鍋子擦乾淨或清洗乾淨。

將鹽與胡椒撒在小牛肝的上下兩面，用麵粉包裹小牛肝，再拍掉多餘的麵粉。在深煎鍋中加熱1大匙菜籽油直到冒煙，放入小牛肝，必要時可分批。小牛肝每面煎約1分鐘，注意別煎得過熟——內部應該仍有一點粉紅。如果麵粉聞起來燒焦了，或有任何食材的顏色變得太深，加入剩下的1大匙菜籽油。用鐵夾將小牛肝移至上菜用的淺盤。將火調大，將韭蔥放入深煎鍋，並用木匙攪拌、刮除鍋巴。用鹽與胡椒調味，然後放入蘋果與培根，繼續大火炒到所有食材呈褐色，鍋中所有汁液都蒸發。

確認你的衣袖、頭髮、廚房抹布都用安全的方式固定好，鍋蓋在手邊備著——動作俐落地將卡巴度斯蘋果酒（安全起見，你剛剛應該將測量好的酒倒入另一個容器）倒入熱燙的深煎鍋。如果你做得對，鍋子應該會短暫起火，畫面非常壯觀。別嚇壞了——火焰很快就會消失。如果你覺得火焰燃燒太久或高度過高，可以蓋鍋，讓火快速熄滅。火焰消失後，讓混合後的食材再煮30秒，接著倒入高湯，煮至部分蒸發。放入奶油，大火翻炒。試吃後，依個人喜好調味，然後將食材移至上菜用的淺盤，擺在小牛肝的旁邊。（為方便上菜，你可以將小牛肝切成小塊。）搭配馬鈴薯泥，立即上菜。

4到6人份

SAUSAGE & GRAVY WITH BISCUITS

香腸肉汁與比司吉麵包

哪天有機會，你去找一個從未接觸過美國南方料理的法國人，讓他嚐嚐香腸肉汁與比司吉麵包。好好欣賞接下來的鬧劇。

有沒有拿葡萄餵狗的經驗？有沒有看過狗將葡萄含在嘴裡滾動，不知該咬下去或吐出來的困惑表情？這就是名廚艾瑞克‧里佩爾（Eric Ripert）第一次吃香腸肉汁與比司吉麵包時的表情。

—

可以稍微將比司吉麵包烤熱，每半塊麵包塗上大量人造奶油，然後4個盤子各擺2個半塊麵包，塗人造奶油那面朝上。

用中大火加熱大型平底鍋或平底煎鍋，將香腸弄碎後放入鍋中。讓香腸的油脂融出，煮至香腸呈褐色且酥脆，接著拌入「半對半」鮮奶油，並用木匙刮除鍋巴。用辣醬、鹽與胡椒調味，將這些肉汁淋在4個比司吉麵包上。這道菜吃起來有點麻煩，吃進消化系統的感覺可能會像油膩膩的炸彈——建議準備一些解酸劑胃藥與溼紙巾。

4人份

4個白脫牛奶比司吉麵包（請見第268頁），對切
2到4大匙人造奶油
900公克早餐香腸
1杯「半對半」鮮奶油（或一比一的高脂鮮奶油與全脂牛奶）
大量的Frank's辣椒醬或其他辣醬
適量的鹽與現磨黑胡椒

COUNTRY HAM WITH RED-EYE GRAVY AND BISCUITS

鄉村火腿、紅眼肉汁與比司吉麵包

2片（0.5公分厚）鄉村火腿

2到3大匙無鹽奶油

2個白脫牛奶比司吉麵包（請見第
　268頁），對切

1/2杯超濃黑咖啡

適量的鹽與現磨黑胡椒

葡萄果醬（非必要）

如果你在美國南方買了鄉村火腿，就可以用來做這道好菜——這同時也是採買高級鄉村火腿的好理由。

—

將火腿放入淺碗或砂鍋（你可能必須沿短邊將每片火腿對切才放得下），用冷水淹蓋以減少鹹味。浸泡約20分鐘，然後瀝乾、沖洗後用擦手紙輕輕拍乾。

切除每片火腿周圍的脂肪，將脂肪放入鑄鐵平底煎鍋。沿火腿邊緣切片，每片各切下6塊2.5公分左右的厚片，以免火腿在鍋中捲曲。用中小火將火腿的油脂煮至融化，丟棄鍋中的火腿皮，必要時可加入一點奶油（約1/2大匙），確保鍋中的油脂足夠烹調火腿。將火腿放入平底煎鍋，煮至兩面皆呈褐色，共約8分鐘。

煎火腿的同時，可以稍微將比司吉麵包烤熱。將剩餘的奶油厚厚塗抹在所有的半塊比司吉麵包上，然後放在一旁。

火腿煎熟後，在2個盤子上各放1片火腿。將黑咖啡倒入鍋中大火加熱，用金屬鍋鏟攪拌並刮除鍋巴與油脂，不過鍋巴與油脂不會融入咖啡。將此混合湯汁煮至冒泡，然後煮到約一半的湯汁蒸發。試吃後，視情況用鹽與胡椒調味。將此肉汁澆在火腿上，搭配熱咖啡、比司吉麵包與葡萄果醬上菜。

2人份

FEGATO VENEZIANA

威尼斯小牛肝

威尼斯人習慣將小牛肝切成小片——然後煮成垃圾般的菜餚。

我個人喜歡將小牛肝切成薄片（但不要太薄），然後嫩煎至三分熟。別忘了將洋蔥煮到非常焦糖化，這要花不少時間。

一

在大型厚底深煎鍋中，用中小火加熱3大匙橄欖油，再放入洋蔥，充分攪拌讓油包覆洋蔥。用少許的鹽調味，然後煮25到30分鐘，經常用木匙攪拌，直到洋蔥變軟且焦糖化。你不能用大火加速焦糖化的過程。將濾篩架在中型碗上，將洋蔥移至濾篩上瀝乾多餘的橄欖油。

在淺碗中，用攪拌器混合麵粉與足以充分調味所有小牛肝的鹽與胡椒。

在另一個大型厚底深煎鍋中，大火加熱1大匙橄欖油，直到開始冒煙。

加熱橄欖油的同時，將小牛肝放入麵粉碗，讓麵粉包裹所有的小牛肝塊，然後拍掉多餘的麵粉。將小牛肝放入熱油嫩煎，每面煎1到2分鐘，接著用鐵夾將煎熟的小牛肝移至盤子上。放入下一批小牛肝塊，必要時倒入剩餘的橄欖油。所有的小牛肝煎熟後，降至中火，拌入檸檬汁，並用木匙刮除鍋巴。將小牛肝與洋蔥放回深煎鍋，加入奶油，溫和翻拌與晃動鍋中的食材，讓奶油均勻分布。放入義大利香芹，依個人喜好用鹽與胡椒調味。搭配半月型波倫塔，立即上菜。

4人份

6大匙橄欖油

4到6顆黃洋蔥，剝皮後切薄片（約1公升）

適量的鹽

1杯中筋麵粉

適量的現磨黑胡椒

675公克小牛肝，切成約5公分寬、0.5到0.8公分厚的片狀

1顆檸檬的汁液（約2大匙）

2大匙（1/4條）無鹽奶油

1/2杯現切義大利香芹葉片

8到12個油炸半月型波倫塔（請見第262頁）

MEAT LOAF WITH MUSHROOM GRAVY

洋菇肉汁肉捲

2 1/2大匙菜籽油

1大顆黃洋蔥或白洋蔥,剝皮後切碎

3根芹菜,切碎

2枝新鮮墨角蘭,只保留葉片,切碎

3枝新鮮百里香,只保留葉片,切碎

適量的鹽與磨得極碎的黑胡椒

900公克牛肩胛絞肉

600公克小牛絞肉

3顆雞蛋,稍微打勻

1杯麵包粉

1/4杯番茄糊

3大匙無鹽奶油

450公克洋菇,切丁

2大顆或3到4顆紅蔥,剝皮後切碎
　（約1/2杯）

2大匙中筋麵粉

1 1/4杯小牛肉高湯

1/2杯高脂鮮奶油

特殊用具

料理用溫度計

我媽媽做的肉捲絕對比你做的好吃,但這不是我媽媽做肉捲的食譜,而是一種融合而成的配方,結合了我生命中所有重要的肉捲——而我生命中曾有過許多重要的肉捲:

● 小時候在家中餐桌上吃的肉捲。

● （幸運的話）學校食堂蒸氣保溫桌上會出現的肉捲,它通常泡在一灘灰灰的現成肉汁裡潰爛。（天啊,我以前超愛吃那東西——尤其是喝到爛醉如泥的時候。）

● 斯旺森電視餐（Swanson TV dinner）的肉捲,以及那熟悉的箔紙盤。（它給了我自由,讓我不必面對家庭晚餐的天倫之樂!）

● 我第一次當主廚時,老闆堅持要我寫在菜單上的肉捲。那間餐廳後來倒了,但肉捲倒是很好吃。

我這份食譜,就是上述幾種肉捲集結而成的作品。

—

在大型厚底深煎鍋中，用中火加熱2大匙菜籽油，然後放入洋蔥、芹菜、墨角蘭與百里香。用鹽與胡椒調味，中小火煮至蔬菜變軟且半透明，但尚未變褐色，經常用木匙攪拌。關火後將食材到入大攪拌碗，靜置冷卻。

烤箱預熱至350℉（約180℃）。

蔬菜冷卻後，放入牛肩胛絞肉、小牛絞肉、蛋汁、麵包粉，加上約2小匙鹽和1/2小匙胡椒，用洗得非常乾淨或戴手套的手充分混合。將剩下的1/2大匙菜籽油塗在長型麵包烤模內側，將食材倒入麵包烤模，輕輕填壓。用鋁箔紙覆蓋烤模，將烤模放上烤盤，在烤箱中烤1小時。

移除鋁箔紙，將番茄糊塗在肉捲表面，再烤30到45分鐘，直到料理用溫度計插入肉捲中心時顯示150℉（約65℃）。從烤箱取出肉捲，將麵包烤模連同肉捲放在鐵架上靜置。

靜置肉捲的同時，準備洋菇肉汁。在大型厚底深煎鍋中加熱奶油，直到奶油冒泡並軟化。放入切丁的洋菇，大火烹煮，偶爾攪拌，直到洋菇釋出的汁液全部蒸發，且攪拌時洋菇在鍋面發出嘶嘶聲。放入紅蔥及適量的鹽與胡椒，繼續煮至洋菇呈褐色，紅蔥半透明或呈淡金黃色，約3到5分鐘。將麵粉撒在洋菇上，充分攪拌讓麵粉均勻包覆洋菇。中火烹煮約2分鐘，幾乎時時攪拌，直到生麵粉的味道消失，然後拌入高湯。用攪拌器攪拌食材，將黏在鍋面的麵粉混入肉汁。若肉汁顯得太濃稠，可以再加入少許高湯或水，接著降至小火，拌入高脂鮮奶油。試吃後，視情況用鹽與胡椒調味。

將肉捲切片，肉汁淋在上面或放在一旁，可搭配馬鈴薯泥（請見第210頁）上菜。

6到12人份

MA PO TRIPE AND PORK

麻婆牛肚與豬肉

這道菜源自四川經典的麻婆豆腐（「麻婆」就是滿臉麻子的老太婆的意思），我從麻婆豆腐增進了對自己的認識。我發現了自己的黑暗祕密。

我之前一直明白「痛楚」與「快感」有一定程度的關聯，在做這種選擇時，我永遠會選擇無痛的那一邊。我才不管乳夾和皮鞭是不是拿在超模手上，我從以前就對疼痛——甚至只是些許的不適——毫無興趣。

後來我去了中國的成都，在那裡無數道勁辣如火、令人舌頭麻痺、刺激腦內啡分泌、令人上癮的菜餚當中，我邂逅了麻婆豆腐。我的人生就此變了。

這份食譜是模仿丹尼·博溫做的麻婆豆腐，他的Mission Chinese餐廳隨時都在改良這道菜。我的食譜不但要推廣牛肚，還要推廣痛楚。

火辣辣的灼燒感。極致快感。

—

2小匙再加上2大匙豬油或鴨油

12條完整的乾燥紅辣椒

1塊牛肚（1350到1800公克），切成2.5公分丁塊

1大匙白醋

28公克乾燥香菇，用香料研磨機磨成粉

2小匙猶太鹽，可按口味加量

2小匙現磨花椒粒，可按口味加量

450到675公克豬蹄膀，切成2.5公分塊狀

1/4杯花椒油，再加上裝飾用的量

1/3杯豆豉

12瓣蒜頭，剝皮後切碎

225公克洋菇，切碎

1/2杯豆瓣醬（辣豆瓣）

1/3杯番茄糊

1到2小匙味精（非必要）

336毫升啤酒，一般的啤酒即可

2到3杯深色萬用高湯（請見第274頁）或雞肉高湯

1大匙魚露

2大匙玉米粉

非必要的裝飾物：肉鬆、切碎的新鮮蝦夷蔥與/或
　　蝦夷蔥花、青蔥、新鮮香菜、蒸熟的白飯

特殊用具

冰水浴（裝滿冰塊與冰水的大碗）

在小型鑄鐵平底煎鍋或厚底深煎鍋中，用大火加熱2小匙的豬油或鴨油，直到即將冒煙，然後放入紅辣椒，降至中火。在豬油中炒紅辣椒，直到兩面都呈暗紅色，共約4分鐘。用鐵夾將紅辣椒移至小攪拌碗。如果你想減少辣度，可以等紅辣椒冷卻到不燙手，棄置部分的辣椒籽。將紅辣椒放入香料研磨機磨成細緻、稍微呈糊狀的粉末，然後放在一旁。

將牛肚放入大型厚底湯鍋，加入白醋。用冷水淹蓋，煮至沸騰，然後滾10分鐘。用濾盆瀝乾後，將牛肚放入冰水浴冰鎮。將湯鍋洗淨後放在一旁。

在大淺碗中，用攪拌器混勻香菇粉與2小匙鹽、2小匙花椒粉。將豬肉丁放入混合的粉末，讓粉末均勻包覆豬肉丁。

在湯鍋中，用大火加熱剩下的2大匙豬油。將豬肉丁放入熱油中，燙過每一面，分批以免空間不足。燙完後用鐵夾將豬肉丁移至旁邊的盤子上。

倒掉鍋底多餘的油，然後開中火，放入花椒油、豆豉、蒜頭、洋菇與預留的紅辣椒粉末。用木匙攪拌並刮掉沾黏在鍋底的鍋巴與豬肉，煮約5分鐘，或直到洋菇大部分的水分都蒸發，然後拌入豆瓣醬、番茄糊與味精。煮3到5分鐘，經常攪拌，讓食材的顏色加深。用啤酒洗鍋收汁，繼續刮除鍋巴。啤酒稍微蒸發且酒味消失後（應該只需幾分鐘），拌入2杯高湯與魚露，煮至沸騰。放入剛才的牛肚與豬肉丁，以及煮豬肉的汁液，必要時加入更多高湯，到剛好淹蓋肉的高度即可。煮至沸騰，降至即將沸騰的溫度，然後煮2到2.5小時，偶爾攪拌，直到豬肉丁與牛肚非常軟爛。

在乾淨的攪拌碗中，用攪拌器混勻玉米粉與2大匙冷水，形成芡糊。將此芡糊倒入即將沸騰的醬汁，用攪拌器充分攪拌，讓粉糊融入醬汁，幫助醬汁變濃稠。

試吃醬汁後，依個人喜好用更多花椒粉、鹽、味精與花椒油調味。用碗盛裝，可用肉鬆、蝦夷蔥、青蔥與香菜裝飾，也可淋更多花椒油，或撒上更多花椒粉。搭配蒸熟的白飯上菜。

8人份

ROAST LEG OF LAMB WITH FLAGEOLETS

笛豆佐烤小羊腿

現在，你必須問自己一個問題：你要用乾燥笛豆（隔夜浸泡或至少煮過兩輪），還是把罐頭打開，用現成的笛豆？有一派人甚至認為罐裝笛豆比乾燥笛豆好吃。我個人會用很多小羊油脂與辛香料煮笛豆（不管是不是罐裝），而且我的小羊排永遠只烤到三分熟──絕不超過。

─

將笛豆放入中型厚底燉鍋，加入6杯水。煮至沸騰，滾5分鐘，然後蓋鍋靜置1小時。

烤箱預熱至400°F（約205℃）。切除並保留小羊排多餘的脂肪。瀝乾並沖洗笛豆，再放回鍋中，再放入小羊油脂、3瓣蒜頭的蒜末、牛番茄、奧勒岡草、乾月桂葉與橄欖油。倒入足以剛好淹蓋的水──番茄在烹煮的過程中會釋出大量汁液。充分攪拌，煮至沸騰，降至即將沸騰的溫度燉煮45到60分鐘，偶爾攪拌，直到笛豆非常軟爛。笛豆煮熟後，用鹽與胡椒調味。蓋鍋保溫。

燉笛豆的同時，在小攪拌碗中混合剩下的蒜頭、鯷魚與約2大匙的鯷魚油、百里香，以及紅辣椒粒，充分攪拌。移除小羊排的外包裝，將小羊排平攤在乾淨的工作平臺上，將約一半的鯷魚醬料塗抹在小羊排表面，然後捲成圓柱狀，用棉繩固定。用剩下的鯷魚醬料包裹在小羊排外面，撒上少許的鹽與胡椒後，放上烤肉盤，有烤架的烤肉盤為佳。

烤約1小時10分鐘，烤了約45分鐘時，轉動烤肉盤與小羊排，直到料理用溫度計顯示135°F（約57℃）。（靜置小羊排的過程中，溫度會提升至140°F〔約60℃〕，這就是三分熟的小羊排。）讓小羊排靜置至少10分鐘，再切薄片。搭配笛豆上菜。

6到8人份

2杯乾燥笛豆或3杯罐裝笛豆
1塊無骨小羊蹄膀（約1350公克）
15瓣蒜頭，剝皮後切碎
2大顆非常熟的牛番茄或相似的紅番茄，剝皮後大致切塊
1 1/2大匙切碎的新鮮奧勒岡葉片
2片乾燥月桂葉
2大匙特級冷壓橄欖油
適量的鹽與現磨黑胡椒
20條油浸鯷魚，瀝乾並保留油液，切碎
2大匙切碎的新鮮百里香葉片
1/2小匙紅辣椒粒

特殊用具
棉繩
料理用溫度計

OSSO BUCCO

燉小牛膝

我是在Le Madri餐廳學會做這道菜；可惜的是，這間餐廳和我履歷上許多餐廳一樣，已經不存在了。我必須說，那是一間非常好的餐廳（這樣說不算自誇，因為當時我不過是二廚），而這道燉小牛膝對我來說根本是天啟。剛交往不久的一次約會，我曾為我太太（當時是女朋友）做這道菜；她來自距離米蘭不遠的城鎮，而米蘭正是燉小牛膝的發源地。當她來到我那間位於紐約市第九大道Manganaro's Hero Boy三明治專賣店樓上的小公寓，看見我為她煮的燉小牛膝，她打了通電話給她媽媽（用義大利語）嘲諷我，不敢相信我會做出如此愚蠢、如此野心勃勃的舉動。

吃完飯後，她說：「不錯。」

這句話出自我太太之口，即是極高的讚揚。
—

6塊小牛膝，每塊約6到7.5公分厚
適量的鹽與現磨黑胡椒
1/2杯中筋麵粉
1/4杯再加上3大匙特級冷壓橄欖油
1大顆黃洋蔥，剝皮後切丁塊
6根中型大小的紅蘿蔔，削皮後切丁塊
2根芹菜，切丁塊
2瓣蒜頭，剝皮後切薄片
1瓶乾白酒
1罐（約785公克）完整的剝皮番茄與汁液，用手捏碎（可留一些稍大的碎塊）
1.5公升小牛肉高湯
1/2顆柳橙，將最外層的皮刨碎，然後剝皮並切成4等份，將碎橙皮留著裝飾用
1片乾月桂葉
4枝新鮮迷迭香
完整的香芹葉片（非必要）
番紅花燉飯（請見第252頁）

將鹽與胡椒撒在小牛膝的每一面，然後用麵粉包裹小牛膝，拍掉多餘的麵粉。

在大型厚底深煎鍋中，用中大火加熱1/4杯橄欖油至七成熱。放入小牛膝，煎至兩面皆呈金黃色，必要時分批。一旦小牛膝煎好，用鐵夾將之移至烤盤或大盤上暫放，直到全部完成。

在有蓋平底鍋中，用中大火加熱剩下的3大匙橄欖油，接著放入洋蔥、紅蘿蔔、芹菜與蒜頭。用鹽與胡椒調味，煮至蔬菜變軟且開始變褐色，約8到10分鐘，經常用木匙攪拌。加入乾白酒，煮至沸騰，再煮到一半的酒水蒸發（約15到20分鐘），偶爾攪拌。放入番茄及汁液還有高湯，煮至沸騰。放入切塊的柳橙果肉、乾月桂葉、迷迭香以及剛才的小牛膝，再煮至沸騰，然後降至即將沸騰的溫度。

燉煮約3小時，直到小牛膝極度軟爛，一碰就陷進去，不必太常攪拌。如果你打算立即上菜，在6個淺碗中各放1塊小牛膝。如果你打算晚點再上菜，先取出小牛膝，與湯汁分開靜置冷卻。（重新加熱時，將小牛膝放回湯汁裡，用中火緩緩加熱至即將沸騰偏高的溫度。）

取出並丟棄湯汁中的迷迭香、柳橙果肉與月桂葉。試過湯汁後，依個人喜好用鹽與胡椒調味。將一些熱燙的湯汁淋在每一塊小牛膝上，用事先保留的碎橙皮與香芹葉裝飾。將番紅花燉飯盛裝在同一個碗中，或分開擺放，一同上菜。

6人份

New Mexico Style Beef Chili

新墨西哥式牛肉辣醬

4條墨西哥波布拉諾辣椒

450公克新墨西哥辣椒，新鮮、冷凍或罐裝皆可

1/2杯中筋麵粉

適量的鹽與現磨黑胡椒

900公克牛肩胛肉，切成2.5到5公分塊狀

2到3大匙菜籽油

1大顆白洋蔥或黃洋蔥，剝皮後大致切塊

3瓣蒜頭，剝皮後大致切塊

1 1/2小匙孜然粉

1 1/2小匙芫荽粉

1 1/2小匙乾燥奧勒岡草，墨西哥品種為佳

2大匙番茄糊或哈里薩辣醬

1杯啤酒

3杯深色萬用高湯（請見第274頁）或雞肉高湯

墨西哥辣椒，切薄片，裝飾用

新鮮香菜，裝飾用

烤過的墨西哥薄餅或現炸的墨西哥玉米片

酸奶油

特殊用具

炙烤盤

沒有豆類，沒有米飯——墨西哥辣醬本就該以肉和辣椒為主角；在這裡，主角是新墨西哥辣椒，如果你不住新墨西哥州，可以買罐裝或冷凍的。這種辣椒的辛辣比較溫和，所以烹煮時用波布拉諾辣椒增添辣度，最後再用墨西哥辣椒裝飾。如果你有哈里薩辣醬的話，可以用它替代番茄糊；就地理位置而言，哈里薩辣醬的發源地距美國西南部十萬八千里，但味道就是他媽的好。

—

開啟烤箱的炙烤功能，將鋁箔紙鋪在致烤盤上。將波布拉諾辣椒擺在炙烤盤上，然後調整烤箱烤架的高度，盡量讓炙烤盤靠近烤箱上方的熱源。將炙烤盤放入烤箱，炙烤到辣椒皮呈黑色；用鐵夾翻動辣椒，讓每一面都變成黑色，約10到15分鐘。從烤箱取出炙烤盤，一旦辣椒冷卻至不燙手，盡量移除並丟棄焦黑的辣椒皮與蒂頭，以及部分或所有辣椒籽（辣椒籽是辣味的來源）。大致將辣椒果肉切塊，然後放在一旁。

如果你幸運地買到了新鮮的新墨西哥辣椒，用同樣的方式處理它；冷凍或罐裝的新墨西哥辣椒一定已經烤過、剝皮、去籽了，你只須切塊。

在大攪拌碗中，用攪拌器混合麵粉與約1大匙鹽和1大匙胡椒，然後將牛肉放入碗中翻拌，讓麵粉等混合食材包裹牛肉。在有蓋平底鍋中加熱2大匙菜籽油，開始冒煙時放入牛肉，分批將牛肉煎至每一面都呈暗褐色。用鐵夾將煎熟的牛肉移至盤子上，繼續煎煮剩餘的牛肉塊。

將洋蔥與蒜頭放入熱鍋，用鹽與胡椒調味。中大火加熱，並用木匙刮除鍋巴，必要時再加1大匙油，以免肉汁、碎肉或洋蔥燒焦。洋蔥開始變軟、變褐色後（約3分鐘），放入孜然、芫荽與奧勒岡草，再煮2分鐘，接著拌入番茄糊與啤酒。煮至沸騰，然後煮至約2/3的汁液蒸發。拌入高湯，將牛肉放回鍋中。放入預先準備的波布拉諾辣椒與新墨西哥辣椒，煮至沸騰，降至即將沸騰的溫度，然後蓋鍋燉煮約90分鐘，直到用叉子戳牛肉時感覺十分軟爛。

關火，用碗盛裝牛肉辣醬，搭配墨西哥辣椒、香菜、墨西哥薄餅與酸奶油，以及大量冰啤酒（新墨西哥啤酒為佳）上菜。

6到8人份

VEAL MILANESE

米蘭式小牛排

在我們家，這是我們父女的最愛。其實這道菜，我通常都是做給愛莉安還有她最要好的朋友賈克斯吃。我太太不吃碳水化合物——那當然，因為她忙著將身體鍛鍊成致命武器，哪有空享受沾麵包粉油炸的小牛肉餅？

我們通常會分工合作，孩子們負責裹麵包粉的崗位，他們兩個負責用麵粉、蛋汁與麵包粉包裹小牛肉，然後小心翼翼地將肉餅放入鍋中熱燙的橄欖油。目前無人受傷！

—

烤箱預熱至200℉（約90℃）。將麵粉放入有深度的盤子或淺碗，撒上鹽與胡椒。在另一個有深度的盤子中混合麵包粉與帕馬森起司，充分攪拌。將蛋汁倒入第三個有深度的盤子，用鹽與胡椒調味。

將鹽與胡椒撒在每一塊小牛肉的上下兩面，然後將小牛肉放入麵粉中包裹麵粉，再拍掉多餘的麵粉。接著，將每一塊小牛肉沾上蛋汁，讓多餘的蛋汁滴乾，然後沾麵包粉混合食材，輕輕下壓以確保麵包粉牢牢沾黏在小牛肉表面。將準備好的小牛肉餅放上烤盤。

在另一張烤盤上放鐵架，然後將烤盤連鐵架放入預熱的烤箱中間。

將花生油倒入大型深平底煎鍋，加熱至375℉（約190℃），用油炸用溫度計監測油溫。小心將小牛肉餅滑入熱油，分成兩三塊一批，以免降低油溫。在炸小牛肉餅的同時，別忘了監控油溫。炸至小牛肉餅兩面皆呈褐色，約6分鐘，然後小心用鐵夾取出小牛肉餅，放入預熱的烤箱。繼續處理剩餘的小牛肉餅。依個人喜好用鹽調味，然後上菜。

4到8人份

1杯中筋麵粉

適量的鹽與現磨黑胡椒

2杯麵包粉

1杯刨碎的帕馬森起司

2大顆雞蛋，打勻

8塊小牛腿肉（每塊140到170公克），敲成0.5公分厚

2杯花生油

特殊用具

油炸用溫度計或煮糖溫度計

[13]
SIDE DISHES
配菜

RATATOUILLE

普羅旺斯燉菜

1到1 1/4杯特級冷壓橄欖油

1顆中型大小的紅洋蔥，剝皮後切丁

4瓣蒜頭，剝皮後切碎

1/2杯番茄糊

6枝新鮮百里香，只保留葉片，切碎

2顆櫛瓜，修剪後切丁

適量的鹽與現磨黑胡椒

1顆中型的黃色夏南瓜，修剪後切丁

1大顆紅甜椒，挖去果核與種子，切丁

1顆中型大小的茄子，切丁（把茄子內
　　部沒有皮的部分留著做茄子沾醬或
　　其他的料理——普羅旺斯燉菜用的
　　每一塊茄子都必須帶皮）

1到2小匙高級巴薩米克醋

2枝新鮮羅勒，只保留葉片，大致切碎

不要學我煮這道菜給一桌來自普羅旺斯的客人，他們可能會誇讚你的「蔬菜料理」，可是他們絕不會稱它為「普羅旺斯燉菜」。他們說得有理；傳統普羅旺斯燉菜有點糊糊的，所有食材都放在一起燉煮，讓它們「融合」。

我就是做不到。

我「離經叛道」，每樣蔬菜都分開烹煮，既顯明各方特色，又（理想上）保留原汁原味。我的版本更鮮、更脆——而且你無法否認，這個版本漂亮多了。

—

在大型厚底深煎鍋中，用大火加熱1/4杯橄欖油。放入洋蔥與蒜頭，當洋蔥半透明且開始變褐色時，將火稍微調小，拌入番茄糊與百里香。關火，將混合食材移至烤盤上冷卻。

將深煎鍋擦乾淨（或換一個乾淨的深煎鍋），大火加熱2大匙橄欖油。放入櫛瓜，大火嫩煎至櫛瓜變軟且邊緣開始變金褐色。用鹽與胡椒調味，關火，然後移至放洋蔥等混合食材的烤盤，兩邊分開。用同樣的方式處理夏南瓜、紅甜椒與茄子，視情況用1或2大匙橄欖油，分開嫩煎每一種蔬菜。用鹽與胡椒調味，將每一種煎熟的蔬菜放在烤盤上冷卻。每完成一種蔬菜，就將深煎鍋擦乾淨一次。

蔬菜冷卻至室溫後，放入大攪拌碗溫和翻拌。加入巴薩米克醋與適量的橄欖油，然後用鹽與胡椒調味、加入羅勒。讓混合食材室溫靜置3到4小時，使不同的味道混融。室溫上菜。

當作配菜為6到8人份

SAFFRON RISOTTO

番紅花燉飯

好幾年前，紐約一家報紙的食物專欄出現了關於燉飯的短篇文章。某位知名義大利餐廳老闆寫了一篇又憤怒又激動的社論回應，並譴責那篇文章，尤其是關於烹煮燉飯的方法——文章指出，你可以將煮至半熟的燉飯平鋪開來冷卻，等客人到了之後再將米飯完全煮熟。餐廳老闆在社論中堅稱：沒有任何一位正直的義大利人會做這種事！

我看了只覺得好笑，因為我也曾在那位老闆的餐廳工作過——在我工作期間，我從來沒看過其他料理燉飯的方法。廚房中隨時放著鋪了半熟燉飯的兩大張烤盤，冰庫裡還有兩盤。

這種抄捷徑的做法會不會影響燉飯品質？答案是會。當然會。但影響多少？多到你不得不將你的客人丟在廚房外，自己躲在廚房裡攪拌他媽的米飯整整25分鐘？影響大到你的朋友吃得出差別嗎？我沒有看輕你朋友的意思，不過我認真懷疑他們能否吃得出來。

你只須小心第一次「焯水」的時候別煮得太熟——最後再用正確的方法完成這道菜。你要的是湯湯水水，像稀飯一樣的濃稠燉飯，而不是可以疊成一堆的米飯。

還有，拜託、拜託、拜託，如果你做的燉飯是主菜或獨立的一道菜，請不要加入滿滿的配料。野菇、松露、蘆筍——管你要吃什麼，選一樣就夠了。

別跟我提松露油。

—

將一半的高湯倒入小型厚底鍋，放入番紅花絲，用中小火煮至比即將沸騰略低的溫度，開始讓番紅花的汁液滲入高湯。

在中型厚底鍋中，用中小火加熱橄欖油。放入洋蔥，用木匙充分攪拌，讓橄欖油包覆洋蔥，然後煮至洋蔥變軟且半透明但尚未變褐色，約5分鐘，經常攪拌。拌入卡納羅利米，調至中大火煮3到4分鐘，直到米飯聞起來有些微的焦香味。降至中小火，加入乾白酒。不時攪拌，直到酒水被吸入米飯，酒精的刺鼻味消失。

倒入混了番紅花汁液的高湯，一次1勺或2勺，繼續攪拌至這一批高湯被吸收，再加入下一批。當所有的番紅花高湯都加入燉飯中，用相同的小型厚底鍋加熱剩下的雞肉高湯，繼續將這些高湯也加入燉飯中，每加完一批就充分攪拌。檢查燉飯的熟度，它應該軟嫩且熟透，但不軟爛。整體混合食材應稀到可以沾附在碗底，若燉飯乾到可以堆成一堆，可以視情況加入更多高湯。

用木匙將奶油與起司攪入熱燉飯，你的目標是讓一些空氣也混入燉飯，使口感變得更鬆。試吃後，用鹽調味，然後立即上菜。

當作配菜為6人份

1.5公升雞肉高湯

1大把番紅花絲

1/4杯特級冷壓橄欖油

1小顆黃洋蔥，剝皮後切碎

1 1/2杯卡納羅利米

1/2杯乾白酒

4大匙（1/2條）冷無鹽奶油，切小塊

1/2杯刨碎的帕馬森起司

適量的鹽

CREAMED SPINACH

奶油菠菜

1350公克新鮮菠菜,切除根部與較硬的莖
1 1/2杯高脂鮮奶油
2瓣蒜頭,壓碎後大致切碎
3大匙無鹽奶油,切丁
適量的鹽與現磨黑胡椒
刨碎的新鮮肉豆蔻(非必要)

特殊用具
手持式攪拌器或食物調理機

沒必要用白醬毀了新鮮菠菜的味道與顏色,你只需要一些高脂鮮奶油和奶油。這裡最重要、最困難的步驟,是確保你的菠菜裡完全沒有沙子。

—

將大碗裝滿冷水,放入菠菜,稍微晃動,盡量讓葉片上的沙土沉入水底。取出菠菜,將菠菜放在濾盆上;如果洗菜水有很多沙土,倒掉後沖洗大碗,再次裝滿冷水,重複上述動作。讓菠菜上多餘的水瀝乾,但別將菠菜擦乾;等等溫和蒸煮菠菜時,沾附在葉片表面的水珠有助於蒸煮。

用中火加熱大型深煎鍋或燜鍋,分批放入菠菜,用鐵夾輕輕翻動菠菜,煮至剛好萎軟但呈鮮綠色,不超過5分鐘。將每批蒸過的菠菜放入濾盆(你可能要再拿一個濾盆),當所有的菠菜都蒸煮完畢且冷卻至不燙手時,用乾淨的毛巾或多層擦手紙包裹,盡量將水分擰出。將菠菜大致切過,然後擺在烤盤上繼續冷卻、風乾約15到20分鐘。

在中型厚平底深鍋中,混合高脂鮮奶油與蒜頭,煮至即將沸騰。小火燉煮15到20分鐘,然後用篩子將混合食材過濾後倒入碗裡,丟棄蒜頭,然後將高脂鮮奶油放回平底深鍋,中火加熱。

將菠菜拌入溫熱的高脂鮮奶油,再加入奶油,繼續攪拌至奶油融化。用手持式攪拌器將混合食材打成泥狀,或用食物調理機間歇攪切。試吃後用鹽與胡椒調味,如果你喜歡,也可以加入肉豆蔻。將奶油菠菜移至上菜用的盤子上,立即上菜。

當作配菜為8到12人份

ROASTED CAULIFLOWER WITH SESAME

芝麻烤白花菜

這玩意好吃到令人不可自拔。一個成人可能晚餐就吃一整顆白花菜，吃完還覺得毫無壓力，通體舒暢。

—

烤箱預熱至450°F（約230℃）。

在大型攪拌碗中，混合白花菜、橄欖油、鹽、芫荽粉、奧勒岡草與黑胡椒，充分攪拌，讓油與辛香料均勻包覆白花菜。將白花菜移至烤盤上，單層平鋪，盡量在每一塊白花菜之間留一些空間。將白花菜放入烤箱烘烤20分鐘，烤到10分鐘時轉動烤盤並稍微翻拌。

烤白花菜的同時，在小攪拌碗中混合芝麻醬、白味噌、紅酒醋與1 1/2大匙水，用攪拌器攪拌至滑順。

白花菜烤熟後從烤箱取出，移至另一個攪拌碗，加入醬料與芝麻翻拌，讓醬料均勻包覆白花菜。

當作配菜為4到6人份

1顆白花菜，用手剝成小塊

1/4杯特級冷壓橄欖油

2小匙鹽

1小匙芫荽粉

1小匙乾燥奧勒岡草

適量的現磨黑胡椒

2大匙芝麻醬

1大匙白味噌

2小匙紅酒醋

1 1/2大匙水

3大匙烘烤過的白芝麻

BRAISED BELGIAN ENDIVE

燉苦苣

1/2杯中筋麵粉

1小匙鹽

1/2小匙現磨黑胡椒

2到3大匙無鹽奶油

4顆苦苣，清洗乾淨、修剪後，沿長邊
　對切

1/2杯乾白酒

1杯小牛肉高湯或深色萬用高湯（請見
　第274頁）

2大匙切碎的新鮮香芹

這份食譜直接模仿名廚艾斯可菲，是一九八〇年代早期康乃
狄克州格林威治鎮的晚餐會風格。

—

在淺碗或盤子中，用攪拌器將麵粉、鹽與胡椒攪勻。

在大型厚底深煎鍋中，用中大火加熱1大匙奶油，直到奶油冒泡並
軟化。用對切的苦苣沾麵粉，拍掉多餘的麵粉，然後將苦苣放入
鍋中，切面朝下。煮約3分鐘，然後用鐵夾翻面，另一面再煎3分
鐘。你可能必須分兩批進行此處理，也可能必須再加入1大匙奶
油；將煎過的苦苣放在盤子上，等所有的苦苣都煎好再進行下一
步。將所有煎過的苦苣放回深煎鍋，倒入乾白酒，稍微晃動鍋子。
讓酒水幾乎完全蒸發，然後加入高湯，晃動鍋子，降至即將沸騰的
溫度。蓋鍋燉煮苦苣，直到苦苣變軟，約10分鐘。加入剩下的1大
匙奶油，當奶油融入湯汁後，試吃並視情況用鹽與胡椒調味。將苦
苣與湯汁移至上菜用的淺盤，用香芹裝飾，然後上菜。

當作配菜為4人份

MUSHROOM SAUTÉED WITH SHALLOTS

紅蔥煎蘑菇

蘑菇的含水量高，所以你一定要用非常高的溫度煎煮，否則它只會變成蒸蘑菇。放入蘑菇前，把鍋子好好加熱。食譜說用多少油，你就用多少油，不要讓整個鍋子滿滿都是油；你是在煎蘑菇，不是嫩燉。別讓這兩種常見——但完全可避免——的錯誤毀了你的紅蔥煎蘑菇。

—

在大型厚底深煎鍋中，大火加熱菜籽油至七成熱且開始冒煙。放入蘑菇，大火快炒，用木匙或鍋鏟時時翻炒蘑菇，直到蘑菇邊緣變褐色且釋出香味，約4分鐘。蘑菇在熱鍋上移動時，應發出吱吱聲。放入紅蔥，用鹽與胡椒調味；加鹽會使蘑菇釋出汁液。繼續大火煮至所有的汁液都蒸發。蘑菇呈漂亮的褐色且軟嫩時，放入奶油，充分攪拌讓奶油包覆蘑菇，再加入香芹。關火，立即上菜。

當作配菜為4到6人份

1大匙菜籽油或葡萄籽油
450公克蘑菇，品種不限，切薄片
4顆紅蔥，剝皮後切碎
適量的鹽與現磨黑胡椒
1大匙無鹽奶油
1/4杯切碎的新鮮香芹

ROASTED BABY BEETS WITH RED ONION AND ORANGES

香橙紅洋蔥烤小甜菜

這是常常出現在我們家的菜餚，我女兒超愛。你
不必用高級的特級冷壓橄欖油，用一般食用油即
可，讓甜菜、洋蔥與橙汁完成它們的工作吧。

—

烤箱預熱至450°F（約230℃）。

將小甜菜放入烤肉盤，加入1大匙菜籽油，放入烤箱
烤45到50分鐘，直到可以用水果刀輕鬆刺入甜菜中
心。甜菜冷卻到不燙手後，剝下並丟棄甜菜皮。

讓小甜菜冷卻至室溫，然後切成0.5公分厚片。在攪拌
碗中將甜菜、洋蔥、臍橙、蘋果醋、剩下的1大匙橄
欖油與薄荷一起翻拌，用鹽與胡椒調味後上菜。

當作配菜為4人份

450公克小甜菜（6到8棵小甜菜），刷洗乾
　淨後修剪
2大匙菜籽油或葡萄籽油
1/2顆中型大小的紅洋蔥，剝皮後切薄片
1顆臍橙，剝皮後沿短邊切成0.5公分厚輪狀
2小匙蘋果醋
12片新鮮薄荷葉，撕碎（非必要）
適量的鹽與現磨黑胡椒

FRIED POLENTA CRESCENTS

油炸半月型波倫塔

1杯義式玉米粉

5杯水或雞肉高湯

4大匙（1/2條）無鹽奶油

1杯刨碎的帕馬森起司

適量的鹽與現磨黑胡椒

4到6大匙特級冷壓橄欖油

你當然也可以做普通那種三角形波倫塔，不過做這種視覺效果更好的半月型波倫塔其實並不難。

—

在大碗中將玉米粉與高湯混勻，稍微攪拌，然後蓋鍋，冷藏至少4小時，最多12小時。（如果你選擇跳過這一步，煮波倫塔的時間就必須加長，從30分鐘變成60分鐘——你自己看著辦。）

將玉米粉與高湯移至大型厚底燉鍋，攪拌並加熱至沸騰，然後降至即將沸騰的溫度，燉煮約30分鐘，不時攪拌。玉米粉變軟且吸收所有湯汁後，拌入2大匙奶油與帕馬森起司，用木匙大力攪拌，用鹽與胡椒調味，然後關火。

將1大匙橄欖油塗在半張烤盤上，將熱燙的玉米糊倒在烤盤上。將鍋鏟沾溼或塗油，用鍋鏟盡量將玉米糊均勻鋪在烤盤上，然後動作俐落地用烤盤敲流理臺，排出氣泡。讓玉米糊冷卻至室溫，然後用保鮮膜覆蓋烤盤，放入冰箱冷藏數小時，直到完全變涼。

從冰箱取出玉米糊，移至砧板；用鍋鏟小心提起鋪平的波倫塔，可以提起它一邊或兩邊。用直徑5公分或7.5公分的圓形餅乾模具，在玉米糊上切出許多圓圈，愈多愈好。將每個圓圈切成兩半，形成半月。（如果你想做得更華麗，可以用更小的餅乾模具切掉大圓的一部分，形成真正的彎月形狀。你也可以用手完成這項工作。）

在大型厚底深煎鍋中，一起加熱1大匙橄欖油與1大匙奶油，直到奶油冒泡並軟化。分批將半月型波倫塔放入鍋中，每面炸3到4分鐘，直到邊緣呈金褐色。小心用鍋鏟翻面；完成後，將波倫塔放上冷卻架瀝乾。波倫塔在油炸的過程中會吸收油脂，所以你可能得加入剩下的奶油與橄欖油，一次1大匙或更少。視情況用鹽與胡椒調味，搭配威尼斯小牛肝（請見第231頁）上菜。

當作配菜為6到8人份，應該會有剩

POMMES ANNA

安娜薯片

如果你用鑄鐵平底煎鍋,要確保油夠多,以免馬鈴薯起鍋時碎掉所引起的心痛。假如你做這道菜是為了招待客人,建議你提前幾個小時準備好這道菜,等要吃再放進預熱至300℉(約150℃)的烤箱加熱。

—

烤箱預熱至400℉(約205℃)。

替馬鈴薯削皮,記得動作快,免得馬鈴薯氧化變色。將馬鈴薯放入食物調理機,切成極薄片。將馬鈴薯片單層平鋪在擦手紙或乾淨毛巾上,輕輕拍乾。

用烘焙刷在25到30公分大小的鑄鐵平底煎鍋或耐高溫的不沾鍋上,塗上厚厚一層的奶油。將馬鈴薯片在鍋底排成一個稍微交疊的圓,刷上一層奶油,用海鹽與碎黑胡椒粒調味,然後重複上述動作,直到所有的馬鈴薯都排在鍋中、調過味且塗過奶油。

將奶油刷在烤盤紙上,稍微將馬鈴薯片向下壓,然後用烤盤紙覆蓋。放入烤箱烤30分鐘,然後轉動烤盤,再烤15到30分鐘,直到馬鈴薯片呈金褐色且能用水果刀輕易刺穿。從烤箱取出馬鈴薯片,靜置5分鐘,移除烤盤紙,然後將鍋鏟沿鍋壁劃一圈,刮鬆沾黏在鍋壁的馬鈴薯。將大盤子倒扣在平底煎鍋上,動作明快地翻轉鍋子與盤子,將安娜薯片扣在盤子上。

當作配菜為4到8人份

1800公克育空黃金馬鈴薯
　(約10到12大顆馬鈴薯)
225公克(2條)無鹽奶油,
　加熱融化
適量的海鹽
適量的碎黑胡椒粒

特殊用具

有切片用薄刀的食物調理機
烤盤紙,切成與鍋子相同直
　徑的圓型

GARBANZOS WITH CHERRY TOMATOES

鷹嘴豆與小番茄

2杯煮熟的鷹嘴豆，瀝乾

1/3杯再加上1大匙頂級特級
　冷壓橄欖油

4瓣蒜頭，剝皮後切薄片

1顆檸檬的汁液（約2大匙）

1/2小匙鹽，可按口味加量

473毫升成熟小番茄

2大匙大致切碎的新鮮義大
　利香芹

做這道菜的時候，橄欖油的品質是關鍵。

－

在不怕酸的中型碗中，混合鷹嘴豆、1/3杯橄欖油、蒜頭、檸檬汁與鹽，充分攪拌。加蓋並室溫靜置3到4小時。（如果要醃更久，加蓋後放入冰箱，最多24小時。）

烤箱加熱至400°F（約205℃）。（理想情況下，你會在烤箱下層的架子上烤雞腿或魚肉，上層就有空間擺小番茄。）在烤盤上，將小番茄與1大匙橄欖油混勻，放入烤箱烤15到20分鐘，直到番茄溫熱且變軟，但還未裂開。從烤箱取出小番茄，拌入鷹嘴豆等混合食材以及香芹。試吃後，依個人喜好調味。

當作配菜或搭配吐司為4到8人份

KOREAN STYLE RADISH PICKLES

韓式醃蘿蔔

別被它刺鼻的氣味嚇著了，這種醃蘿蔔非常好吃，是體驗韓
式炸雞（請見第179頁）時必不可少的元素。

—

在中型攪拌碗中，用攪拌器攪勻水、白醋、糖與鹽。放入白蘿蔔，
溫和攪拌，然後將所有食材移至玻璃或陶瓷砂鍋。加蓋，室溫靜置
8到12小時，或隔夜靜置。將砂鍋放入冰箱，冷藏至少24小時，最
多3天，再上菜。

當作炸雞的配菜為10到12人份

1/4杯水

1/4杯白醋

1/4杯糖

2小匙鹽

1大根白蘿蔔（約450公克），削
　皮後切成1公分丁狀

SUCCOTASH

豆煮玉米

這是少數冷凍皇帝豆可被接受的菜餚之一，可能也是冷凍皇帝豆還存在的唯一理由。

—

在大型厚底深煎鍋中，用中火加熱奶油，直到奶油冒泡並軟化。放入洋蔥與紅甜椒，拌炒至洋蔥半透明但尚未變褐色。放入蒜頭，再炒1分鐘，然後放入番茄，用鹽與胡椒調味。番茄開始煮爛並釋出汁液時（約2分鐘），拌入皇帝豆、水與香草。中小火烹煮約15分鐘，偶爾攪拌，最後拌入玉米粒，再煮5分鐘。試吃後，依個人喜好調味，然後上菜。

當作配菜為8到10人份

2大匙（1/4條）無鹽奶油

1小顆黃洋蔥，剝皮後切小丁塊

1大顆或中型大小的紅甜椒，挖去
　果核與種子後切丁

3瓣蒜頭，剝皮後切碎

1大顆成熟紅番茄，剝皮後挖去果
　核與種子，切碎

適量的鹽與現磨黑胡椒

2杯冷凍皇帝豆，解凍

1杯水或深色萬用高湯（請見第
　274頁）

1大匙切碎的新鮮奧勒岡草

1大匙切碎的新鮮百里香

2大匙切碎的新鮮香芹

2杯玉米粒

BUTTERMILK BISCUITS

白脫牛奶比司吉麵包

8大匙（1條）冷凍的無鹽奶油，再
　加上1大匙無鹽奶油，加熱融化
2杯中筋麵粉，再加上約1/4杯供揉
　捏與擀壓麵團時用
2小匙糖
1小匙鹽
2小匙發粉
1/2小匙小蘇打粉
3/4杯白脫牛奶

特殊用具
墊了烤盤紙的烤盤

別怕，比司吉麵包其實很簡單，只要你依照下述方式烘焙，把幾個關鍵步驟做好就行。我試過用豬油、鴨油和Crisco酥油做比司吉，不過還是用冰凍的奶油做出來的麵包最鬆軟、最好吃。

—

烤箱預熱至450°F（約230℃）。

讓冷凍的奶油室溫靜置5分鐘，然後切成1公分丁狀。將奶油丁放入小攪拌碗，然後放入冰箱。

在大攪拌碗中，用攪拌器混合麵粉、糖、鹽、發粉與小蘇打粉。從冰箱取出奶油，加入大攪拌碗，小心將冰奶油均勻分布。動作明快但溫和地用奶油切刀混合奶油與麵粉，直到看起來像粗粒麵包屑與豆子大小的塊狀物。一次加入白脫牛奶，用木匙攪拌直到麵團形成，盡量別拌太多下。將麵粉撒在手上，溫和地揉捏麵團5到10次，剛好讓麵團變得更完整，並將一些奶油塊壓扁。

將少許麵粉撒在乾淨的砧板或其他工作平臺上，將麵團移至砧板上。輕輕將麵團壓成2公分厚，每一處的厚度大致均等。用簡單的格子排列法切出方形比司吉麵包，數量愈多愈好。將切好的方塊移至墊了烤盤紙的烤盤，每一塊之間留約2.5公分空間。

用烘焙刷在每一塊麵包上塗融化的奶油，然後將烤盤放入烤箱烤10到12分鐘，直到麵包呈金褐色且飄香。趁熱上菜。

約9個7.5公分方形比司吉麵包，或15個5公分方形比司吉麵包

[14]
DESSERT
甜點

甜點去死吧。

好啦，開玩笑的。我不討厭甜點，但如果我這輩子必須放棄一道菜，這道菜絕對會是甜點。我不知道怎麼做甜點，也許這能說明我從開始當廚師到現在，對甜點師傅的不信任——因為他們能完成我怎麼也做不到的事情。

也許我這個人就是不愛吃甜食。大家都說精緻的糖等同於毒藥，他們說的可能正確，不過大家也都說海洛因是毒藥——結果呢，不是沒問題嗎？

好吧，可能有問題。

事實上，我吃完一頓飯，偶爾也會享受一點巧克力或其他甜食，可是在那之後……**我要起司！**

起司是魔法的產物，絕不能被取代。人類古今積累的知識、自然世界所有神祕力量，全都匯聚在美好的起司裡。

而且不是什麼起司都可以，我吃完一頓好吃的料理，一定要吃起司之王：**史帝頓起司**。而且，我還要配優質波特酒。

當然，這世上或許存在「更好」的起司。

可能吧。

我很懷疑。

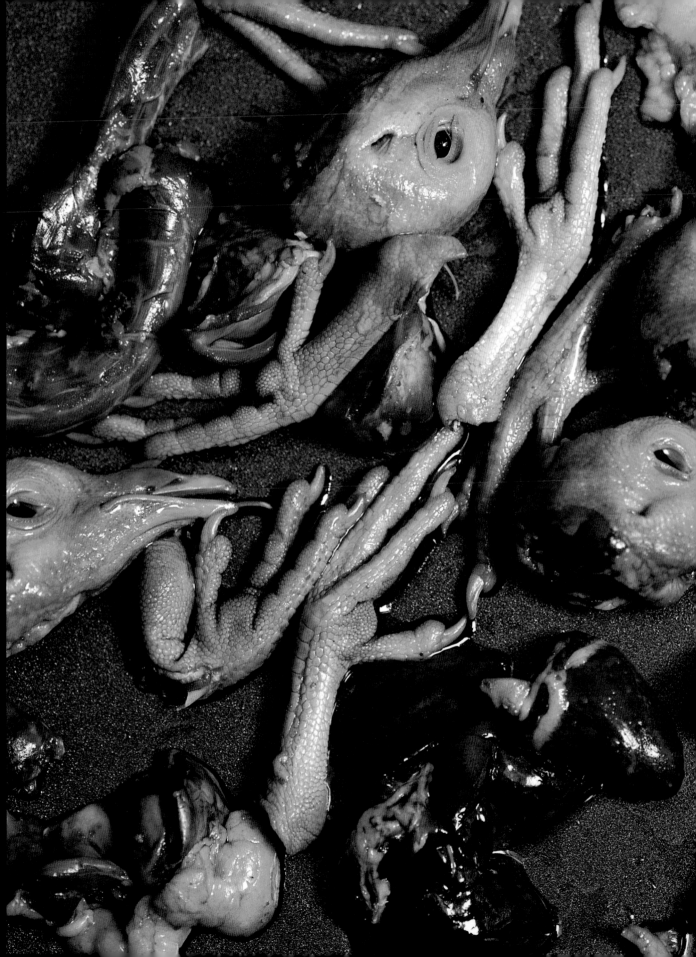

[15]
STOCKS, SAUCES, AND DRESSINGS
高湯、醬料與調料

如果你自己做菜，你就需要高湯。就這麼簡單。

「真正的高湯」（比之市面上賣的高湯）是做湯、醬料與燉菜最重要的元素，只要加了高湯，你做的菜就會好吃到像訓練有素的專家做的，而非普通專家。

熬高湯，分小量冷凍保存，只要做菜就拿出來用。

DARK UNIVERSAL STOCK

深色萬用高湯

小牛骨很好，用烤小牛骨熬的高湯和多蜜醬汁更好──但很多以前的同事都捨棄了這種老派的作風，改做「淺色高湯」，也就是用沒烤過的小牛骨熬的高湯（據說味道比較不苦），或用烤雞骨熬的多蜜醬汁。我個人挺懷舊的，喜歡傳統的烤小牛骨高湯，不過我也很久沒進專業廚房了，只能說你喜歡哪一種就做哪一種。雞骨當然比小牛骨容易買到。

這是一份非常實用的萬用高湯食譜，我建議你把這種高湯裝在小容器裡，全部塞進冷凍庫。

它就像是一塊白色畫布──一片完美的背景，等待你來揮灑。

基本的原則是，你從冰箱取出高湯之後加一些紅酒，煮到一部分的湯汁蒸發，用細篩過濾，然後根據你要做的菜加入不同的食材或裝飾。

舉個例子，假如你這道菜的主角是羊肉，你想用深色萬用高湯調醬汁，可以加入一些烤羊肉的碎屑，可能再加一些迷迭香、蒜頭和紅酒一起煮到部分蒸發，增添羊肉的風味。如果你想做佐鴨肉的醬料，就加一些鴨骨、鴨頭和／或鴨腳，再加乾月桂葉與柑橘皮。做火雞肉汁的話，可以用烤成漂亮褐色的火雞骨，以及鼠尾草、迷迭香與百里香各1枝。豬肉醬則是加豬骨、豬耳朵與紅酒或啤酒。

—

烤箱預熱至400℉（約205℃）。將菜籽油塗在2大張烤肉盤上。

在其中1張烤肉盤上，翻拌雞骨、番茄糊與麵粉，讓番茄糊與麵粉大致均勻包裹雞骨。將食材平鋪後放入烤箱烘烤，偶爾轉動並攪動食材以免雞骨燒焦，直到雞骨呈褐色，約60分鐘。

烤雞骨的同時，在另一張烤肉盤中混合洋蔥、紅蘿蔔與芹菜，放入烤箱烘烤至食材呈褐色，約30分鐘，不時攪拌。

將雞骨與蔬菜移至大型厚底湯鍋，但別將油脂或烤肉盤底任何殘渣放入湯鍋。將湯鍋倒滿冷水，放入百里香、香芹、月桂葉與黑胡椒粒，煮至即將沸騰偏高的溫度，最後幾分鐘時時注意鍋裡的情況，在沸騰前調降至即將沸騰的溫度。燉煮至少6小時 ——8或10小時為佳——用湯勺將水面的泡沫與油脂撈掉。燉煮的期間，不必攪拌高湯。

關火。用鐵夾盡量取出並棄置雞骨。將篩子架在碗或第二個湯鍋上——這時候你可能要找個人幫忙，因為你只要手一滑，辛苦熬製的高湯就全沒了——小心將高湯倒在篩子上，或用湯勺慢慢撈。重複過濾數次，直到你對高湯的清澈程度滿意。小心將高湯移至保存用的容器，放入冰箱冷藏。冷藏可存放長達4天，冷凍可存放長達3個月。

約6公升

2大匙菜籽油

2公斤雞骨，或能放入大型厚底湯鍋的量

2大匙番茄糊

2大匙中筋麵粉

2大顆白洋蔥，剝皮後大致切塊

3根中型大小的紅蘿蔔，削皮後大致切塊

2根芹菜，大致切塊

4枝新鮮百里香

4枝新鮮香芹

3片乾月桂葉

1小匙完整黑胡椒粒

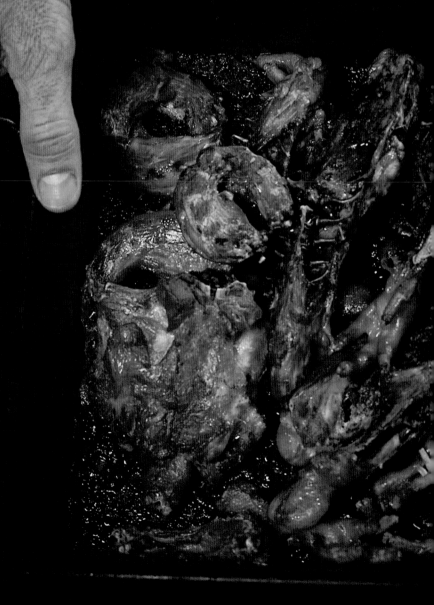

DARK UNIVE

SAN STOCK

深色萬用高湯

SHELLFISH STOCK

海鮮高湯

1大匙菜籽油

約2公升龍蝦殼、蝦殼和／或蟹殼

85公克番茄糊

1大顆白洋蔥或黃洋蔥，剝皮後大
　致切塊

2根紅蘿蔔，削皮後大致切塊

2根芹菜，大致切塊

4枝新鮮百里香

4枝新鮮香芹

3片乾月桂葉

1小匙完整黑胡椒粒

有蝦殼嗎？龍蝦頭？蟹殼？稍微把這些蝦蟹殼敲碎，放入塑膠袋，然後冰在冷凍庫裡。哪天你心血來潮，就將蝦蟹殼放進烤箱烘烤，用來做又濃又稠的深色高湯，這種海鮮高湯能完全改變一道菜的滋味。將高湯倒入製冰盒或小容器冷凍，在3個月內用完。

—

烤箱預熱至425℉（約220℃）。將菜籽油塗抹在烤肉盤或烤盤上，接著將蝦蟹殼倒在烤肉盤上，加入番茄糊翻拌，盡量讓番茄糊均勻包覆蝦蟹殼。放入烤箱烘烤約15分鐘，小心別讓蝦蟹殼變褐色或燒焦，否則你的高湯會變成苦澀的廚餘。

將烘烤完畢的蝦蟹殼移至大型厚底湯鍋，放入番茄糊、蔬菜與香草，加入冷水淹蓋食材，冷水的高度應淹過食材5公分。煮至即將沸騰，檢查火力以確保湯汁稍微冒泡但尚未沸騰。用湯勺將水面的泡沫與油脂撈掉，前30到45分鐘可能必須經常重複這個動作，當浮渣的量減少時，讓高湯燉煮至少6小時。燉煮的期間不要攪拌高湯，這只會讓水變濁。

關火，用鐵夾盡量移除並棄置所有較大的蝦蟹殼碎片。將篩子架在大碗上——這時候你可能要找個人幫忙，因為你只要手一滑，辛苦熬製的高湯就全沒了——小心將高湯倒在篩子上，或用湯勺撈過去過濾高湯。重複過濾數次，直到你對高湯的清澈程度滿意。小心將高湯移至保存用的容器，放入冰箱冷藏。冷藏可存放長達4天，冷凍可存放長達3個月。

2到4公升

OCTOPUS STOCK

章魚高湯

1/2大匙菜籽油

10條章魚腳，移除口器後將章魚
　腳切成適口的小塊

1小匙完整黑胡椒粒

1顆中型大小的白洋蔥或黃洋蔥，
　剝皮後大致切塊

4顆完整蒜頭，剝皮

1根紅蘿蔔，削皮後大致切塊

1根芹菜，大致切塊

這是一種魔法液體，能讓海鮮濃湯變得更香濃、味覺
的層次更豐富、滋味更棒。

—

在大型厚底鍋中，用中大火加熱菜籽油至七成熱。分批稍微
燙過章魚腳，直到章魚腳釋出汁液，1到2分鐘。用鐵夾將
章魚腳移至盤子或碗裡，瀝乾並棄置汁液。將章魚腳放回鍋
中，加入黑胡椒粒、洋蔥、蒜頭、紅蘿蔔與芹菜，倒入冷水
至3/4滿。煮至沸騰，再降至即將沸騰的溫度，溫和燉煮1到
1.5小時。過濾高湯，棄置固體食材，然後冷藏或冷凍。

2到4公升，視鍋子容量而定

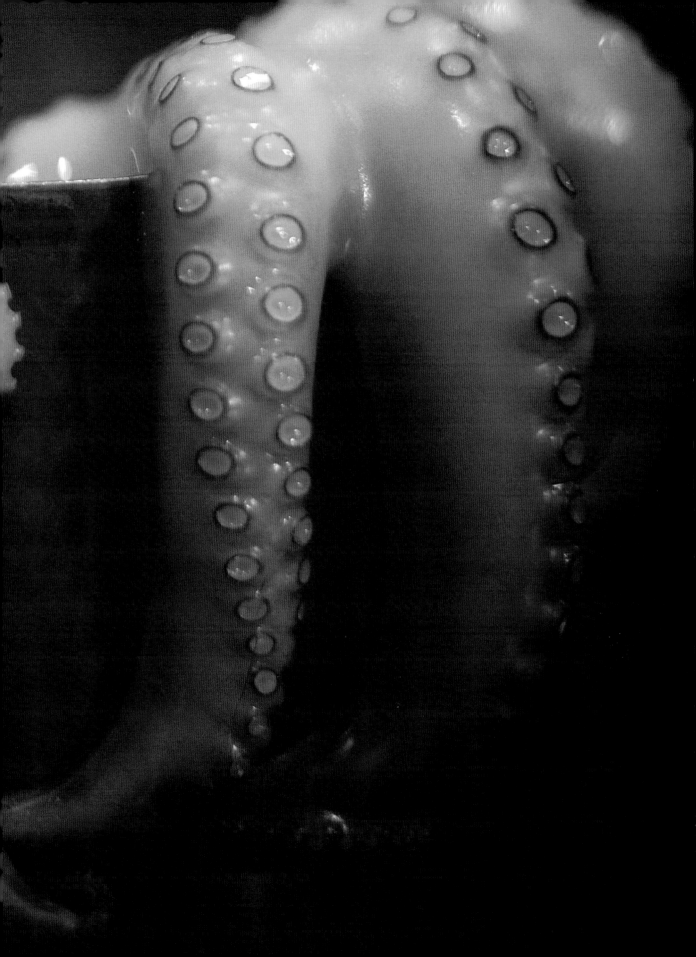

POMODORO

番茄調醬

番茄調醬不需要很多材料，它不應該需要很多材料。它做起來應該簡單快速，味道應該新鮮——就像當季的番茄。畢竟它是番茄調醬，不是奧勒岡調醬，也不是蒜頭調醬。你可能覺得我不夠認真，那我再說一次：重點是番茄。而且實際上烹煮的時間不應該超過45分鐘——應該遠少於45分鐘才對。

—

將大型厚底鍋裝滿水，煮至沸騰。用水果刀或鋸齒刀，在每顆新鮮的羅馬番茄頭尾各劃「X」形。水滾後，將番茄放入鍋中，可分兩批以免鍋子太滿或大幅降低水溫。讓番茄在水中燉煮約30分鐘，直到果皮開始鬆脫，從果肉剝離。用鐵夾將番茄移至冰水浴，一旦番茄冷卻至不燙手，剝除並棄置果皮，擠出並棄置種子，然後將果肉大致切塊。

在大型厚底深煎鍋中，用中小火加熱橄欖油，然後放入洋蔥、蒜頭與紅辣椒粒。煮1到2分鐘，攪拌以避免辛香料燒焦，然後放入切塊的羅馬番茄與罐裝番茄及汁液；放入深煎鍋前用手擠壓罐裝番茄，稍微將番茄捏碎。充分攪拌，用少許鹽與胡椒調味，然後煮20到25分鐘直到番茄完全軟爛，偶爾攪拌。

關火，用手持式攪拌器將調醬攪成泥狀。（你可以將醬料小心地移至較深的大攪拌碗，以便操作手持式攪拌器。）開火，溫和加熱番茄調醬，加入奶油後邊加熱邊攪拌，直到奶油融入調醬。拌入羅勒葉片。試吃後，視情況調味。

約5杯

10顆成熟羅馬番茄

1/4杯特級冷壓橄欖油

1顆中型大小的黃洋蔥，剝皮後切碎

4瓣蒜頭，剝皮後壓碎

1/4小匙紅辣椒粒

1罐（約800公克）剝皮的羅馬番茄與汁液

適量的鹽與現磨黑胡椒

2大匙（1/4條）無鹽奶油

6片新鮮羅勒葉片，小心地撕成數片

特殊用具

冰水浴（裝滿冰塊與冰水的大碗）

手持式攪拌器

HOLLANDAISE SAUCE

荷蘭醬

562公克（5條）無鹽奶油
1/8小匙碎黑胡椒粒
1/8小匙鹽，可按口味加量
3大匙白酒醋
1大匙冷水
6顆蛋黃
1到2大匙現榨檸檬汁

是的，我仍然痛恨著「早午餐」的概念。十多年前我寫了《廚房機密檔案》這本書，似乎嚇得一大票讀者不敢再吃荷蘭醬。在此，我想和婉地撤回前言；只要用新鮮的食材調製醬料，然後現做現吃，荷蘭醬還是有成為美味料理的潛力。

但說到底——早午餐，去死吧。

—

在小型厚平底深鍋中，用中火加熱奶油直到奶油融化，然後用大漏勺撈掉表面的白沫。關火，將澄清的黃色液態奶油倒入第二個小型厚平底深鍋，小心別讓鍋底乳白色的液體流入第二個鍋子。讓澄清奶油保持溫熱，但別太燙。

在第三個小型厚平底深鍋中，用木匙攪拌黑胡椒粒、1/8小匙鹽與白酒醋，中火加熱至白酒醋沸騰且幾乎完全蒸發（這種將近乾燥的狀態法文稱為「au sec」）。關火，用木匙拌入冷水。

將此混合食材移至中型不鏽鋼碗中，用鍋鏟將鍋中所剩的白酒醋都刮入碗裡，這會給醬料增添不可或缺的滋味。將蛋黃加入不鏽鋼碗，用攪拌器充分攪拌。

在中型厚平底深鍋中，將數公分深的水煮至即將沸騰的溫度，然後將加了蛋黃的不鏽鋼碗放入即將沸騰的熱水。不停攪拌，別遺漏碗的任一塊表面，直到蛋黃呈淡黃色，濃稠且呈現乳狀。蛋汁中的空氣含量愈高，它愈不容易在加熱時凝固。

從熱水中取出不鏽鋼碗，開始拌入澄清奶油，一開始先倒入幾滴，然後用湯勺將奶油舀入不鏽鋼碗，每一勺都充分混入蛋汁等食材後再加入下一勺。如果混合食材變得太濃稠，難以加熱，加入少許檸檬汁。

所有的奶油都加入後，用攪拌器拌入檸檬汁，然後用適量的鹽調味。用細篩將混合食材過濾至乾淨的碗或鍋中，立即上菜，或在90分鐘內上菜。醬料記得保溫，但別太燙。

約2杯

MAYONNAISE

美乃滋

2顆蛋黃
1 1/2大匙白酒醋
1/2小匙鹽，可按口味加量
1/2小匙芥末粉
1 3/4杯植物油、菜籽油或葡萄籽油
1大匙現榨檸檬汁，或適量的現榨檸檬汁

有些菜必須用市面上賣的美乃滋，而有些菜（例如雞肉沙拉）就一定要用自製的美乃滋。這種乳化的調料是兩種無法互溶的液體，由第三種液體使之形成懸浮液；在這裡，這三種液體分別是油與醋，以及蛋黃。有些廚師聽到「乳化」兩個字就會緊張，但其實沒必要擔心。只要你用最新鮮的雞蛋，將蛋黃打得夠散，然後倒油的時候慢慢來，就應該不會出錯。如果你出錯怎麼辦？如果你加入太多的油，以致油水分離怎麼辦？再攪入一顆打散的蛋黃，它就會在你眼前起死回生。

—

在大攪拌碗中，用攪拌器將蛋黃充分打散。拌入1/2大匙白酒醋，然後加入鹽與芥末粉，充分攪拌。

開始非常緩慢、非常穩定地加入植物油，不停用攪拌器攪拌。你可以找個朋友幫忙，一個人負責攪拌，另一個人負責倒油。當你看到乳化現象發生，就可以稍微加快倒油的速度，但別一口氣倒完。當混合液的含油量過高時，就會油水分離。

如果混合液變得太濃稠，難以攪拌，你可以用剩餘的一些白酒醋稀釋混合液。繼續倒油，拌入剩下的白酒醋。試吃後，依個人喜好用檸檬汁與鹽調味。

約2杯

BECHAMEL SAUCE

白醬

將攪拌器與木匙或鍋鏟備在手邊，等等你會交替使用這兩種工具製作奶油炒麵糊，也就是白醬的基底。

—

在中型厚底深鍋中，用中火加熱奶油，直到奶油冒泡並軟化。用攪拌器拌入麵粉，用木匙充分攪拌，讓麵粉混入奶油，直到形成乾燥的麵糊。降溫，繼續邊煮邊攪拌，小心別讓混合食材變褐色。

與此同時，在另一個平底深鍋中，將全脂牛奶加熱至即將沸騰，然後用攪拌器緩緩將熱牛奶拌入奶油炒麵糊，持續攪拌至混合食材變得滑順。用鹽與胡椒調味，如果有肉豆蔻的話，加入適量的肉豆蔻粉。持續中小火燉煮，經常攪拌，直到醬汁濃稠到沾附在木匙背面。

約4杯

6大匙（3/4條）無鹽奶油
6大匙中筋麵粉
4杯全脂牛奶
適量的鹽與胡椒
1小把現磨肉豆蔻（非必要）

BLUE CHEESE VINAIGRETTE

藍起司香醋

在攪拌碗中，混合藍起司、美乃滋、菜籽油、紅酒醋與檸檬汁，用攪拌器攪成均質混合液。必要時，可用1大匙水稀釋。試吃後，用鹽與胡椒調味。

約2杯

225公克頂級藍起司，剝碎
1/2杯自製美乃滋（請見第286頁）或現成美乃滋
1/4杯菜籽油
1/4杯紅酒醋
2大匙現榨檸檬汁
適量的鹽與現磨黑胡椒

MIXED FRUIT CHUTNEY

綜合水果甜酸醬

6顆乾燥無花果，各切成4等份

8顆乾燥杏子，各切成4等份

1/4杯葡萄乾

1顆澳洲青蘋果，削皮後挖去果核，刨絲

1杯刨碎的新鮮鳳梨

2大匙現榨檸檬汁

1大匙刨碎的檸檬皮或萊姆皮

1小匙鹽

1小匙卡宴辣椒粉

1小匙現磨黑胡椒

只要沾上一點綜合水果甜酸醬，無聊的去皮烤雞胸肉、蒸煮蔬菜都不再是煎熬。

—

將無花果、杏子與葡萄乾放入小碗，用熱水淹蓋。浸泡至軟化，約1小時。將食材瀝乾後移至中型厚平底深鍋，加入其餘食材，充分攪拌。煮至沸騰，再降至即將沸騰的溫度，假如混合食材顯得太乾，可以加入少許的水。不時攪拌，煮至混合食材變得濃稠且黏膩，約15分鐘。關火，移至乾淨的容器，不要加蓋。放入冰箱冷藏至充分冰涼。可冷藏長達2週。

約2杯

RED WINE VINAIGRETTE

紅酒香醋

在中型攪拌碗中，混合紅酒醋與蒜頭，用鹽與胡椒調味。靜置30分鐘，然後移除並棄置蒜頭。加入第戎芥末，接著用攪拌器緩緩拌入橄欖油，持續攪拌至混合食材乳化。依個人喜好拌入一或多樣非必要的食材。

約1 1/2杯

1/2杯紅酒醋或雪莉醋

1瓣蒜頭，剝皮後壓碎

適量的鹽與現磨黑胡椒

1小匙第戎芥末醬

1杯頂級特級冷壓橄欖油

非必要：1大匙洗淨後切塊的酸豆；1大匙切塊的醃黃瓜；適量切碎的新鮮蒔蘿、香芹或羅勒；1/2小匙紅辣椒粒或辣醬；1小匙刨碎的柑橘皮

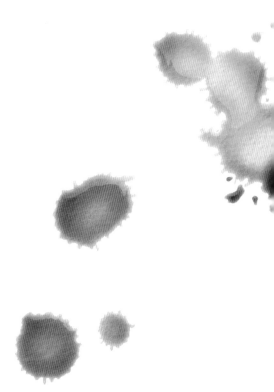

Pico de Gallo

公雞嘴醬

10顆成熟羅馬番茄

1大顆或2小顆紅洋蔥，剝皮後切丁

2條墨西哥辣椒，剁碎

1/4杯現榨萊姆汁（3到4顆萊姆）

2大匙菜籽油

適量的鹽與胡椒

將番茄放在砧板上，用鋸齒刀或非常鋒銳的主廚刀，從番茄的4個面各切下約1公分厚片。（你的目標是得到形狀完整的番茄片，由果皮支撐其結構。）將每一片番茄切成小丁塊，放入攪拌碗。放入切丁的洋蔥、墨西哥辣椒、萊姆汁與菜籽油，用木匙翻拌、混勻。試吃後，用鹽與胡椒調味。搭配墨西哥酥餅上菜。

約7杯

NUOC MAM CHAM (VIETNAMESE DIPPING SAUCE)

越式酸甜魚露（越式沾醬）

在小攪拌碗中，用攪拌器將萊姆汁、糖與3/4杯水攪勻。分批加入越式魚露，邊加邊試吃，用萊姆汁與魚露調出最好吃的比例。加入泰國紅辣椒與蒜頭，靜置至少30分鐘再上菜。加蓋後，可冷藏長達1週。

約1杯

1/4杯現榨萊姆汁（3到4顆萊姆），可視情況加量

3大匙糖

2到3大匙頂級越式魚露，視情況增減

1條新鮮泰國紅辣椒，切薄片

1瓣蒜頭，剝皮後切碎

注意：斜體頁碼為相片。

作者簡介

安東尼‧波登是《紐約時報》暢銷書《廚房機密檔案》與《半生不熟：關於廚藝與人生的真實告白》的作者，其他著作包括《名廚吃四方》、短篇集《胡亂吃一通：一次品嘗波登的各式文字佳餚》、小說《如鯁在喉》（*Bone in the Throat*）、小說《逝竹》（*Gone Bamboo*），以及傳記《恐怖廚娘：都市歷史怪談》（*Typhoid Mary: An Urban Historical*）。他曾為《紐約時報》與《紐約客》等刊物撰寫文章。他是獲艾美獎（Emmy Award）及皮博迪獎（Peabody Award）之CNN紀錄影集《波登闖異地》的主持人，在此之前曾擔任旅遊頻道《波登不設限》與《波登過境》的主持人，以及美國廣播公司（ABC）《一湯匙的美味》（*The Taste*）的主持人。

勞莉‧屋勒佛是作家、編輯，也是與安東尼　波登並肩多年的副手。文章散見於《紐約時報》、《GQ》、《美饌佳釀雜誌》（*Food & Wine*）、《Lucky Peach飲食生活誌》、《美味》（*Saveur*）、《異議》（*Dissent*）等刊物。屋勒佛畢業自康乃爾大學與法國餐飲學院（French Culinary Institute），曾任《廚藝》（*Art Culinaire*）與《葡萄酒鑑賞家》（*Wine Spectator*）雜誌的編輯。現居紐約。

鮑比‧費雪是在紐約市工作的攝影師，不是葬在冰島的西洋棋冠軍。比起Canon他更喜歡Nikon，比起男人他更喜歡女人，不過為了金錢與冒險，他什麼都肯做。他最愛窗外風景被擋住的飯店房間，還最愛把魚當早餐吃。費雪的作品曾刊登在《滾石雜誌》、《GQ》、《美饌佳釀雜誌》、《紐約時報》，以及崔洛伊（Roy Choi）的書《L.A. SON》與馬克庫斯‧薩繆爾森（Marcus Samuelsson）的書《紅公雞料理書》（*The Red Rooster Cookbook*）。

國家圖書館出版品預行編目（CIP）資料 | 食指大動：安東尼‧波登的精選家庭食譜，只與家人朋友分享的美味與回憶／安東尼‧波登（Anthony Bourdain），勞莉‧屋勒佛（Laurie Woolever）合著；朱崇旻譯. -- 初版. -- 臺北市：時報文化，2018.06 | 304面；20.2×25.4公分. -- （人生顧問；311） | 譯自：Appetites：a cookbook | ISBN 978-957-13-7424-6（精裝） | 1.Cooking. 2.烹飪 3.食譜 | 427.1 | 107007991

人生顧問 311

食指大動

安東尼‧波登的精選家庭食譜，只與家人朋友分享的美味與回憶

作　　　者	安東尼‧波登Anthony Bourdain、勞莉‧屋勒佛Laurie Woolever
攝　　　影	鮑比‧費雪Bobby Fisher
封 面 畫 作	勞夫‧斯德曼Ralph Steadman
譯　　　者	朱崇旻
主　　　編	陳盈華
責 任 編 輯	石璦寧
責 任 企 劃	黃筱涵
美 術 設 計	莊謹銘
內 文 排 版	陳恩安
發 行 人	趙政岷
出 版 者	時報文化出版企業股份有限公司
	10803台北市和平西路三段240號4樓
	發行專線／（02）2306-6842
	讀者服務專線／0800-231-705、（02）2304-7103
	讀者服務傳真／（02）2304-6858
	郵撥／1934-4724時報文化出版公司
	信箱／台北郵政79～99信箱
時報悅讀網	www.readingtimes.com.tw
法 律 顧 問	理律法律事務所 陳長文律師、李念祖律師
印　　　刷	和楹印刷有限公司
初 版 一 刷	2018年6月22月
定　　　價	新台幣900元

 行政院新聞局局版北市業字第八〇號
版權所有 翻印必究（缺頁或破損的書，請寄回更換）

時報文化出版公司成立於一九七五年，並於一九九九年股票上櫃公開發行，
於二〇〇八年脫離中時集團非屬旺中，以「尊重智慧與創意的文化事業」為信念。

THANK YOU

OR YOUR BUSINESS